歴春ふくしま文庫 ㉕

小さな哺乳類

モグラ目
トガリネズミ科
ジネズミ

モグラ目
トガリネズミ科
カワネズミ
　手足の指の両側には広げると水かきの役目をする剛毛が生えている。

モグラ目
モグラ科
ヒメヒミズ

モグラ目
モグラ科
ヒミズ

コウモリ目
キクガシラコウモリ科
コキクガシラコウモリ
A：洞穴の天井からぶら下がる群れ
B：キクガシラコウモリと同じように鼻葉がある。

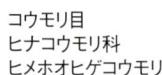

コウモリ目
キクガシラコウモリ科
キクガシラコウモリ（冬眠中）
A：腹側　　B：背側

コウモリ目
ヒナコウモリ科
ヒメホオヒゲコウモリ

コウモリ目
ヒナコウモリ科
モモジロコウモリ

コウモリ目
ヒナコウモリ科
クロホオヒゲコウモリ

コウモリ目
ヒナコウモリ科
アブラコウモリ
　人家周辺に多く生息し「イエコウモリ」とも呼ばれている。

コウモリ目
ヒナコウモリ科
クビワコウモリ
　福島県では尾瀬で1個体が捕獲されただけである。

コウモリ目
ヒナコウモリ科
ヤマコウモリ
　数年前まで会津坂下町台の宮公園のケヤキの樹洞に生息していた。以前白河旭高校のサクラの樹洞でも捕獲された。

コウモリ目
ヒナコウモリ科
コヤマコウモリ
　福島県では尾瀬で2個体が捕獲されただけである。
（国立科学博物館収蔵標本）

コウモリ目
ヒナコウモリ科
チチブコウモリ
　左右の耳介が結合しているのは、本種とウサギコウモリだけである。本種の耳長は20mm以下である。

コウモリ目
ヒナコウモリ科
ヒナコウモリ
　木幡山で捕獲した個体の中に、大曲市で標識（翼帯）された個体がいた。

コウモリ目
ヒナコウモリ科
ウサギコウモリ
　耳長は30mm以上である。

コウモリ目
ヒナコウモリ科
ユビナガコウモリ
　福島県では平成13年10月に初めて捕獲された。洞穴性で、数百個体以上の大集団を形成することが多い。

コウモリ目
ヒナコウモリ科
テングコウモリ

コウモリ目
ヒナコウモリ科
コテングコウモリ

ネズミ目
ネズミ科
ヤチネズミ

A：ふつうの毛色
B：毛色が黒色の個体

ネズミ目　ネズミ科　スミスネズミ
　成体が捕獲された太平洋側の現在の分布北限は福島県である。

ネズミ目
ネズミ科
ハタネズミ
　本州で大発生して農林業に被害を与える（四国ではスミスネズミ、北海道ではエゾヤチネズミ）。

ネズミ目
ネズミ科
カヤネズミ
　成体が捕獲された太平洋側の現在の分布北限は宮城県である。

ネズミ目
ネズミ科
クマネズミ

ネズミ目
ネズミ科
ドブネズミ

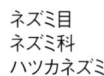

クマネズミとドブネズミとハツカネズミを家鼠（かそ）といい、それ以外を野鼠（やそ）という。

ネズミ目
ネズミ科
ハツカネズミ

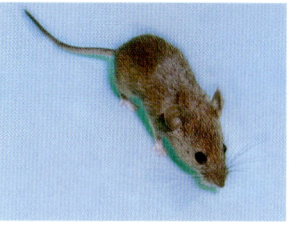

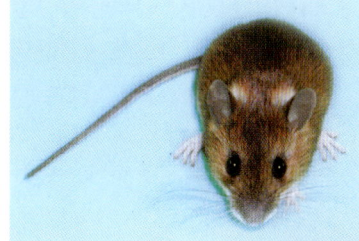

ネズミ目
ネズミ科
アカネズミ

　黒部川と天竜川を境に、東側に染色体数48本、西側に46本の個体群が生息する。

ネズミ目
ネズミ科
ヒメネズミ

カスミ網調査

木幡山隠津島神社の第一社務所前に設置したカスミ網である。これは環境省からカスミ網使用の許可証の交付を受け、宮司の阿部匡俊氏に許可をいただいて設置した。

右奥のスギの木の手前には、巣穴を出入りするムササビを撮影するためのセンサーカメラが設置されている。支柱の高さは約8mである。

ヒナコウモリ

第一社務所前に設置したカスミ網にかかったヒナコウモリである。計測をしてから翼帯を付けて放逐することもある。

ライブトラップ（生捕ワナ）

ポリ袋、新聞紙、発泡スチロールなどで保温と防水処置をし、餓死しないようにサツマイモを入れておく。なお、サツマイモの重さでワナの踏み板のバネがはずれないように、紐でつるしておく。

はじめに

　平成15年（2003）10月10日、新潟県新穂村の佐渡トキ保護センターで飼育されていたトキ（キン）が死んでいるのが発見された。これが日本産最後の1羽であったことから、日本産のトキの子孫はすべて死に絶えたことになる。
　トキは以前は東アジアに広く分布していたが、明治になってから禁止されていた狩猟が一般の人にも解禁になり、そのきれいな羽毛を求めて乱獲されたことにより急激に生息数を減少させ、1920年代には日本から姿を消したと思われた。だがこのトキが佐渡では大正15年（1926）に、能登半島では昭和4年（1929）になってから再び目撃されるようになった。そして、生息個体数が極めて少なく絶滅のおそれがあることから、昭和9年（1934）に文化財保護法により天然記念物に指定され、さらに世界的に貴重な動物であることから、昭和27年（1952）に特別天然記念物に指定されることになった。その後、佐渡に生息していた野生のトキを捕獲して人工増殖を計画したが、効果をあげることはできず、現在は中国産のトキのペアから生まれた約40羽のトキが飼育されているだけになっている。

中国産のトキは、ＤＮＡの塩基配列でみると日本産のトキと違いが少ないことから、日本産と同種と考えられている。したがって日本産の最後のトキが死んでも種の「絶滅」とはならず、環境省の『レッドデータブック』のカテゴリーでは「野生絶滅」となっている。しかし、21世紀の最初の悲報が、日本の豊かな里山を代表するトキの「野生絶滅」であったことは、大変残念なことである。

　トキが絶滅に向かったのと同じように、日本の野生生物の生息環境は、人間活動や各種の開発行為などにより、急速にその豊かさを失いつつある。さらに、無秩序な捕獲や採取行為が加わり、多くの野生生物が絶滅したり、絶滅の危機に瀕していると考えられる。

　トキの話から始めたが、これから本書でご紹介するのは、福島県に生息するモグラ類・コウモリ類・ネズミ類などの「小さな哺乳類」である。しかし、「小さな哺乳類」はおそらく読者の皆さんによい印象を与えている動物とは思えないので、まず最初に第二部、第三部、第四部からお読みいただいても結構である。なお、本書の目的は図鑑的に使用いただくことではなく、福島県に生息する「小さな哺乳類」がどのような研究対象となっているのかをお伝えすることである。研究の楽しさなどがお伝えできれば本望であり、「小さな哺乳類」に興味・関心を持つ方が、１人でも増えれば幸いである。

歴史春秋社から「歴春ふくしま文庫」執筆のお誘いがあってから、かなりの月日が経過したある日、「もう待てませんよ」とのご連絡をいただいた。題名を「小さな哺乳類」として目次を決めたところまでは良かったが、その後一向に頁数が増えず、担当の方々にいろいろとご迷惑をおかけしたことを心からお詫びすると同時に、辛抱強くお待ちいただいたことに感謝申し上げる。

　なお、本書をまとめるにあたって、大変困難ではあるがやりがいのある小哺乳類の調査を卒業研究として実施してくれた福島大学教育学部生物学教室の卒業生の各位に、また、『レッドデータブックふくしまⅡ』の現地調査にご協力いただいた福島県野生動物研究会の各位に感謝申し上げる。さらに、いろいろと許認可などの手続きでお世話になった環境省、文化庁、福島県および各市町村の関係各位に感謝申し上げる。

　特に、学生時代の恩師でもあり、哺乳類研究への道を拓いてくださった福島大学名誉教授故蜂谷剛先生には深く感謝の意を表する。しかし、まことに残念なことに、先生は昨年12月末に突然他界されてしまった。心からご冥福をお祈り申し上げると同時に、本書を故蜂谷剛先生に捧げたい。

平成16年4月

目 次

はじめに　　　　　　　　　　　　　　　11

第一部　小さな哺乳類

1. モグラ類？ コウモリ類？ ネズミ類？　18
2. 分類群とは　20
3. 分類階級　22
4. 哺乳綱（哺乳類）　24
5. 日本に生息する小哺乳類　26
   (1) モグラ類（モグラ目）　27
   (2) コウモリ類（コウモリ目）　29
   (3) ネズミ類（ネズミ目、ネズミ科）　31
6. 福島県に生息する小哺乳類　37
   (1) モグラ類（モグラ目）　38
   (2) コウモリ類（コウモリ目）　42
   (3) ネズミ類（ネズミ目、ネズミ科）　51

第二部　磐梯山の小哺乳類

1. 国際生物学事業計画　58
2. ヒメヒミズとヒミズの分布とその変遷　60
3. 指標生物としての小哺乳類
   　　　　　（モグラ類・ネズミ類）　86

4．標識再捕法（記号放逐法）　　　91

　　5．除去法　　　96

第三部　尾瀬の小哺乳類

　　1．尾瀬保護指導委員会　　　102

　　2．小哺乳類調査　　　103

　　3．ビロードネズミ属のネズミ　　　115

　　　(1) ヤチネズミとスミスネズミ　　　115

　　　(2) スミスネズミの北限　　　119

　　　(3) ビロードネズミ属の分布　　　126

　　4．コウモリ調査　　　137

第四部　絶滅のおそれのある野生哺乳類

　　1．環境省のレッドデータブック　　　152

　　2．福島県のレッドデータブック　　　161

種名対照表　　　168

おわりに　　　170

引用文献　　　173

索　　引　　　181

※ 本書の地名は2004年4月時点のものであり、合併前のものです。

第一部

小さな哺乳類

1. モグラ類？ コウモリ類？ ネズミ類？

　哺乳類（哺乳綱）とは、生物を分類するときの分類群の一つである。本書では、福島県に生息する野生哺乳類のうち、特にモグラ類（モグラ目）、コウモリ類（コウモリ目）、ネズミ類（ネズミ目のなかのネズミ科）などのあまり見慣れない「小さな哺乳類」を紹介する。

　ミッキーマウスが嫌いな人はいないであろう。しかし、ネズミということばから「汚さ」「気味悪さ」を連想する人が多い。また、モグラも畑や花壇の土をひっくり返すので嫌われる。コウモリも、その奇異な姿や糞の臭いなどから、あまり良い印象を持たれていない。

　「小さな哺乳類」が得体の知れないものとして不気味に思われる理由は、夜行性であったり地下で生活するために人の目に触れる機会が少なく、よく知られていないことにもありそうである。表1には、知っているネズミの名称を大学生80人に書いてもらった結果を示してある。ハツカネズミとドブネズミを挙げた人が多い（図1）。

　さて、福島県にはいったいどのような「小さな哺乳類」が生息しているのであろうか。まずは、相手をよく知ることから始めることにしよう。

表1 知っているネズミ

動物名	票数
ハツカネズミ（マウスを含む）	72
ドブネズミ（ラットを含む）	47
ハムスター	37
モルモット	26
クマネズミ（イエネズミを含む）	7
スナネズミ	5
カピバラ	4
プレリードック	4
ヒメネズミ	4
アカネズミ	2
モグラネズミ	1
ヤマアラシ	1
エゾヤチネズミ	1
カンガルーネズミ	1

＊ノネズミとミッキーマウス、ミニーマウスは除いた。他に単孔目のハリモグラ、有袋目のフクロトビネズミ、食虫目のハリネズミ、ジャコウネズミ、トウキョウトガリネズミ、カワネズミ、ウサギ目のナキウサギもあった。

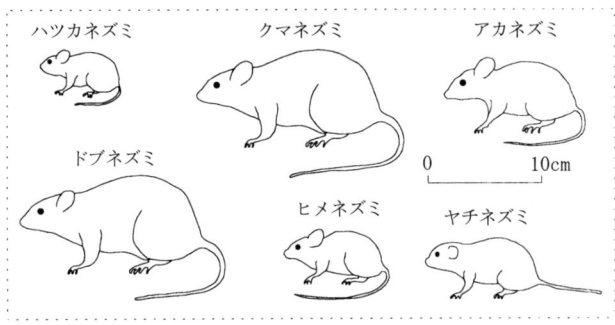

図1 知っているネズミ（日本産の野生ネズミ類）

2．分類群とは

　地球上には多種多様な生物が生息している。これらを特徴別に整理してグループ分けをすると系統樹ができる。現在、様々な系統樹が考えられている。過去の生物群と現在の生物群は、本来生物の進化の道筋にしたがって、系統的にまとめられるべきものである。しかし、進化の道筋には、現在でもよくわからないところがあり、分類群や類縁関係が変更されることもある。

　生物の類縁関係を知るための方法に、形態を重視する比較形態学や、ＤＮＡやタンパク質を重視する分子系統学などがある。これらは進化の歴史を別の角度から研究するものであり、どちらも同じ結果が得られるはずである。しかし、時には矛盾する結果になることもある（長谷川・曹、1999）。その例が図2の系統樹である。

　分類群には、大きい方から界－門－綱－目－科－属などの分類階級があり、属の下に生物分類の基本単位の種がある。L.マルグリス・C. V. シュヴァルツ（1987）は、少なくとも300万種、おそらくは1,000万種の生物が現在地球上に生きていると考えている。では、哺乳類という分類階級はどの分類群に該当するのであろうか。

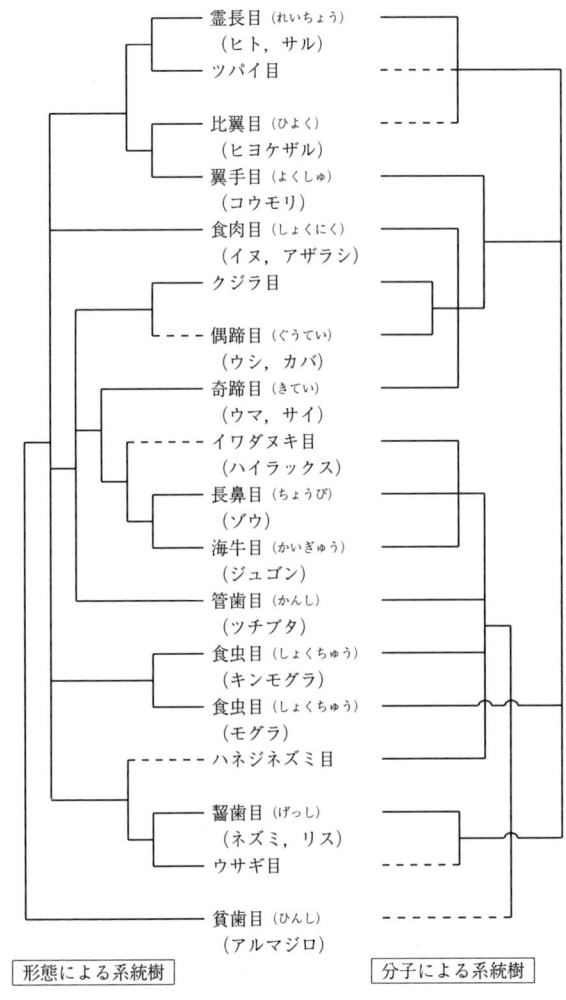

図2 系統樹（長谷川・曹、1999を変更）
----は位置づけが確定的でない。

3．分類階級

　一番大きな分類群である界は、いくつかのグループに分けられる。生物界を大きく動物と植物の2つに分ける生物二界説や、動物、植物、単細胞生物に分ける生物三界説もあるが、現在は生物五界説がよく知られている。
　これは生物界を原核生物界、原生生物界、菌界、植物界、動物界に分けるものである（図3）。なお、原核生物界はモネラ界とも呼ばれる。現在知られている系統樹はすべて人為的なものであり、考え方が変われば、これらの系統樹も変化することになる。
　動物界を表2のように34の門に分類する場合もある（八杉他、1996）。このなかには海綿動物門（イソカイメンなど）、刺胞動物門（以前は腔腸動物門として示されていたもので、イソギンチャクやクラゲなど）、扁形動物門（プラナリアなど）、輪形動物門（ワムシなど）、軟体動物門（二枚貝や巻き貝など）、環形動物門（ミミズやゴカイなど）、節足動物門（昆虫やクモなど）、棘皮動物門（ウニやヒトデなど）などがあり、またネズミ類、モグラ類、コウモリ類が属する哺乳綱などをまとめた脊索動物門もある。

表2　動物界の分類（門）

板形動物門（ばんけい）	菱形動物門（ひしがた）	直泳動物門（ちょくえい）	海綿動物門（かいめん）
刺胞動物門（しほう）	有櫛動物門（ゆうしつ）	扁形動物門（へんけい）	顎口動物門（がっこう）
紐形動物門（きゅうけい）	曲形動物門（きょっけい）	輪形動物門（りんけい）	腹毛動物門（ふくもう）
動吻動物門（どうふん）	線形動物門（せんけい）	類線形動物門（るいせんけい）	鉤頭動物門（こうとう）
鰓曳動物門（えらひき）	胴甲動物門（どうこう）	軟体動物門（なんたい）	環形動物門（かんけい）
有鬚動物門（ゆうしゅ）	ユムシ動物門	星口動物門（ほしくち）	
舌形動物門（ぜっけい）	有爪動物門（ゆうそう）	緩歩動物門（かんぽ）	節足動物門（せっそく）
箒虫動物門（ほうきむし）	腕足動物門（わんそく）	苔虫動物門（こけむし）	毛顎動物門（もうがく）
棘皮動物門（きょくひ）	半索動物門（はんさく）	脊索動物門（せきさく）	

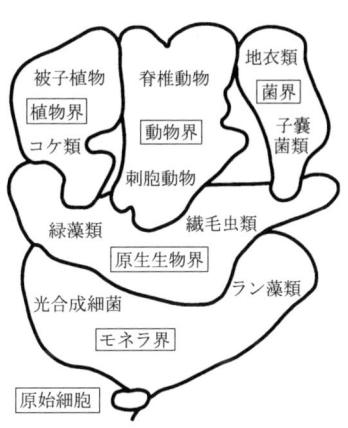

図3　生物五界説
　　（L.マルグリス・C.V.シュヴァルツ、1989を変更）

4．哺乳綱（哺乳類）

　脊索動物門には表3のように12綱があり、哺乳綱はこのなかの一つで、ふつうは哺乳類と呼ばれる（八杉他、1996）。大部分が「乳で子を育てる（胎生）」動物で、また体温調節のために「皮膚に毛をもつ」ことから「けもの」とも呼ばれる（図4）。そして、哺乳綱は表4のように20目（八杉他、1996）に分けられる。

　『学術用語集　動物学編［増訂版］』（文部省、1988）では、漢字名は言葉が難しく馴染み難いということで、目以下の分類群名はカタカナ名に変更された。しかし、「食肉目」のような漢字名の方がわかりやすいと思っているのは私だけであろうか。なお、現在改訂作業中である『日本の哺乳類』（阿部他、1994）でも、目名はカタカナで表記されている。

表3　脊索動物門

　　尾索動物亜門：ホヤ綱（被嚢類）　タリア綱
　　（びさく）　　　　　　　　　（ひのう）
　　　　　　　　　オタマボヤ綱（尾虫類）
　　頭索動物亜門：ナメクジウオ綱
　　（とうさく）
　　脊椎動物亜門：メクラウナギ綱　ヤツメウナギ綱
　　（せきつい）
　　　　　　　　　（頭甲類）　軟骨魚綱　硬骨魚綱
　　　　　　　　　両生綱　爬虫綱　鳥綱　哺乳綱

表4　哺乳綱

　　　　カモノハシ目（単孔目）
　　　　フクロネズミ目（有袋目）
　　　　アリクイ目（貧歯目）
　　　　モグラ目（食虫目）　＊
　　　　ツパイ目
　　　　ヒヨケザル目（皮翼目）
　　　　コウモリ目（翼手目）　＊
　　　　サル目（霊長目）　＊
　　　　ネコ目（食肉目）　＊
　　　　クジラ目
　　　　ゾウ目（長鼻目）
　　　　ジュゴン目（海牛目）
　　　　ウマ目（奇蹄目）
　　　　イワダヌキ目
　　　　ツチブタ目（管歯目）
　　　　ウシ目（偶蹄目）　＊
　　　　センザンコウ目（有鱗目）
　　　　ネズミ目（齧歯目）　＊
　　　　ウサギ目　＊
　　　　ハネジネズミ目

＊は日本に生息する陸生の野生哺乳類

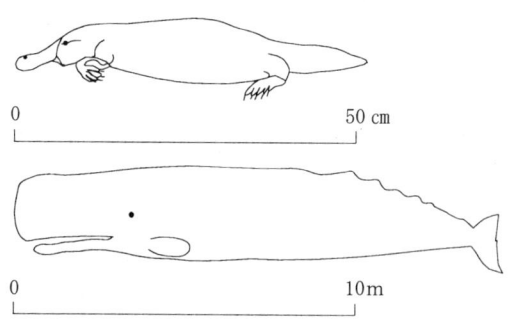

図4　卵生のカモノハシと毛のないマッコウクジラ

5．日本に生息する小哺乳類

　哺乳綱の20目のなかで、日本に生息する陸生の野生哺乳類は、モグラ目（食虫目）、コウモリ目（翼手目）、サル目（霊長目）、ウサギ目、ネズミ目（齧歯目）、ネコ目（食肉目）およびウシ目（偶蹄目）の7目である。また、海産の哺乳類のアザラシ目（鰭脚目）も含めると、日本産の野生哺乳類は8目になる（阿部他、1994）。

　ここで、鰭脚類がネコ目のなかに含まれて亜目となっていたり、分類群を表す名称、例えば目名や種名（和名、学名など）が、分類する立場により変わる場合がたくさんある。しかし、これは哺乳類の分類に限ったことではなく、動植物の分類全体に広く見られる問題であることから、ここではこれ以上触れないが、本書で登場する分類群名は、そのなかの一例を示したものであり、別の書物では異なる場合があることをご了承いただきたい。参考までに、『日本の哺乳類』の種名対照表を巻末に示しておこう。

　ようやく目の名称のなかに、これからお話ししようとしているモグラ目、コウモリ目、ネズミ目の名称が姿を現した。それでは、小哺乳類を見ていくことにしよう。

(1) モグラ類（モグラ目）

　モグラ目（食虫目）には、トガリネズミ科とモグラ科の2つの科がある（表5）。トガリネズミ科には耳介があるが、モグラ科にはない。また、前肢の手の幅が後肢の足の幅より広いのがモグラ科で、同じか狭いのがトガリネズミ科である。なお、頭骨の標本ではモグラ科には頬骨弓があるが、トガリネズミ科にはない（図5）。

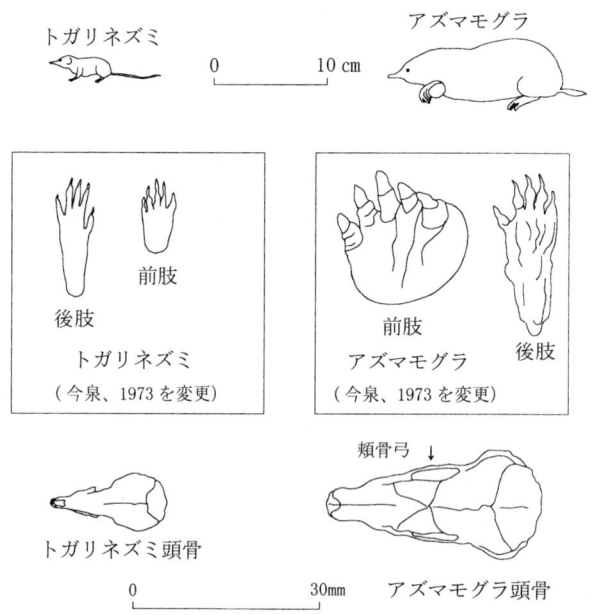

図5　日本産モグラ目

トガリネズミ科はトガリネズミ属、カワネズミ属、ジャコウネズミ属およびジネズミ属に分けられ、モグラ科はヒメヒミズ属、ヒミズ属、ミズラモグラ属、ニホンモグラ属およびセンカクモグラ属に分けられる。センカクモグラ属は、昭和54年（1979）に尖閣列島魚釣島で初めて捕獲された歯の数が38本のモグラであるが、ミズラモグラ属は44本、ニホンモグラ属は42本である。このセンカクモグラ属の属名に関しては、結論がまだ出ていない。

表5　日本産モグラ目

トガリネズミ科		
トガリネズミ亜科		
トガリネズミ属	オオアシトガリネズミ	
	トガリネズミ	＊
	ヒメトガリネズミ	
	チビトガリネズミ	
	アズミトガリネズミ	
カワネズミ属	カワネズミ	＊
ジャコウネズミ属	ジャコウネズミ	
ジネズミ亜科		
ジネズミ属	ジネズミ	＊
	コネズミ	
	オナガジネズミ	
モグラ科		
ヒミズ亜科		
ヒメヒミズ属	ヒメヒミズ	＊
ヒミズ属	ヒミズ	＊
モグラ亜科		
ミズラモグラ属	ミズラモグラ	＊
ニホンモグラ属	コウベモグラ	
	サドモグラ	
	アズマモグラ	＊
センカクモグラ属	センカクモグラ	

＊は福島県に生息することが確認された種

(2) コウモリ類(コウモリ目)

　コウモリ目(翼手目)にはオオコウモリ科、キクガシラコウモリ科、カグラコウモリ科、ヒナコウモリ科、オヒキコウモリ科の5科がある(表6)。コウモリ類は手(第2～5番目の指など)の骨が長く、指の間や第5指と体側の間に飛膜が発達し、空中を飛ぶ。オオコウモリ科は大型で第2指にも爪があるが、それ以外は小型で第2指には爪はない(図6)。オオコウモリ科は暖かい沖縄や小笠原諸島に生息し、果実などを餌にするのでフルーツコウモリとも呼ばれており、冬眠しない。オオコウモリ科以外のコウモリは、夜間に超音波を使って昆虫などを食べるので、餌の少ない冬に冬眠する。

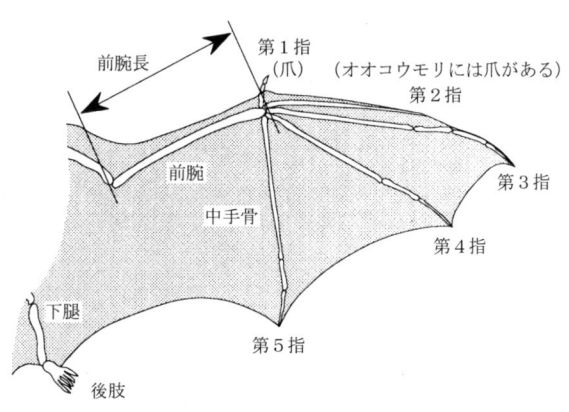

図6　**日本産コウモリ類**(コウモリ目)

表6　日本産コウモリ目

オオコウモリ科
　　　オオコウモリ属　　　　　　オキナワオオコウモリ
　　　　　　　　　　　　　　　　クビワオオコウモリ
　　　　　　　　　　　　　　　　オガサワラオオコウモリ
キクガシラコウモリ科
　　　キクガシラコウモリ属　　　キクガシラコウモリ　　＊
　　　　　　　　　　　　　　　　コキクガシラコウモリ　＊
　　　　　　　　　　　　　　　　オキナワキクガシラコウモリ
　　　　　　　　　　　　　　　　ヤエヤマキクガシラコウモリ
カグラコウモリ科
　　　カグラコウモリ属　　　　　カグラコウモリ
ヒナコウモリ科
　　　クロアカコウモリ属　　　　クロアカコウモリ
　　　ホオヒゲコウモリ属　　　　モモジロコウモリ　　　＊
　　　　　　　　　　　　　　　　ドーベントンコウモリ
　　　　　　　　　　　　　　　　ホオヒゲコウモリ
　　　　　　　　　　　　　　　　ヒメホオヒゲコウモリ　＊
　　　　　　　　　　　　　　　　クロホオヒゲコウモリ　＊
　　　　　　　　　　　　　　　　カグヤコウモリ
　　　　　　　　　　　　　　　　ノレンコウモリ
　　　アブラコウモリ属　　　　　アブラコウモリ　　　　＊
　　　　　　　　　　　　　　　　モリアブラコウモリ
　　　　　　　　　　　　　　　　オオアブラコウモリ
　　　　　　　　　　　　　　　　オガサワラアブラコウモリ
　　　ホリカワコウモリ属　　　　ホリカワコウモリ
　　　　　　　　　　　　　　　　クビワコウモリ　　　　＊
　　　ヤマコウモリ属　　　　　　ヤマコウモリ　　　　　＊
　　　　　　　　　　　　　　　　コヤマコウモリ　　　　＊
　　　ヒナコウモリ属　　　　　　ヒナコウモリ　　　　　＊
　　　チチブコウモリ属　　　　　チチブコウモリ　　　　＊
　　　ウサギコウモリ属　　　　　ウサギコウモリ　　　　＊
　　　ユビナガコウモリ属　　　　ユビナガコウモリ　　　＊
　　　　　　　　　　　　　　　　リュウキュウユビナガコウモリ
　　　テングコウモリ属　　　　　テングコウモリ　　　　＊
　　　　　　　　　　　　　　　　コテングコウモリ　　　＊
　　　　　　　　　　　　　　　　クチバテングコウモリ
オヒキコウモリ科
　　　オヒキコウモリ属　　　　　オヒキコウモリ

＊は福島県に生息することが確認された種

(3) ネズミ類(ネズミ目、ネズミ科)

　ネズミ目には、リス科、ヤマネ科、ネズミ科、ヌートリア科の4科がある(表7)。本書ではモグラ類はモグラ目全体を指し、コウモリ類はコウモリ目全体を指すので、これによればネズミ類はネズミ目全体を指すことになるが、ネズミ目に関してはネズミ目のうちネズミ科だけを指すことにする。なお、「小さな哺乳類」のネズミ類に関しても、ネズミ科だけを指すものとする。

表7　日本産ネズミ目

科名	亜科名	属名
リス科	リス亜科	タイワンリス属
		リス属　＊
		シマリス属
	モモンガ亜科	モモンガ属　＊
		ムササビ属　＊
ヤマネ科		ヤマネ属　＊
ネズミ科	ハタネズミ亜科	ヤチネズミ属　＊
		ビロードネズミ属　＊
		ハタネズミ属　＊
		マスクラット属
	ネズミ亜科	アカネズミ属　＊
		カヤネズミ属　＊
		ハツカネズミ属　＊
		クマネズミ属　＊
		アマミトゲネズミ属
		ケナガネズミ属
ヌートリア科		ヌートリア属

　＊は福島県に生息することが確認された属

ハタネズミ亜科は、ヤチネズミ属、ビロードネズミ属、ハタネズミ属およびマスクラット属に分けられる。一方ネズミ亜科は、アカネズミ属、カヤネズミ属、クマネズミ属、ケナガネズミ属、ハツカネズミ属およびアマミトゲネズミ属に分けられる（表8）。これらのうち、国の天然記念物に指定されているのが、奄美大島、徳之島および沖縄本島に生息している日本固有種のトゲネズミとケナガネズミである。

表8　日本産ネズミ科

ハタネズミ亜科		
	ヤチネズミ属	タイリクヤチネズミ
		ムクゲネズミ
		ヒメヤチネズミ
	ビロードネズミ属	スミスネズミ　＊
		ヤチネズミ　＊
	ハタネズミ属	ハタネズミ　＊
	マスクラット属	マスクラット
ネズミ亜科		
	アカネズミ属	セスジネズミ
		ヒメネズミ　＊
		ハントウアカネズミ
		アカネズミ　＊
	カヤネズミ属	カヤネズミ　＊
	クマネズミ属	ドブネズミ　＊
		クマネズミ　＊
	ケナガネズミ属	ケナガネズミ
	ハツカネズミ属	ハツカネズミ　＊
		オキナワハツカネズミ
	アマミトゲネズミ属	トゲネズミ

＊は福島県に生息することが確認された種

ネズミ亜科とハタネズミ亜科の違いの一つは、頭胴長（全長と尾長を1mmの10分の1で計測し、全長－尾長で求める）に対する尾長の割合（尾率）である。ネズミ亜科の尾長は頭胴長の70％以上であり、ハタネズミ亜科の尾長は大部分が頭胴長の70％以下である。しかし、「例外のない規則はない」と言われるように、紀伊半島に生息するハタネズミ亜科にはまれに80％を超えるものもいる。

　全長、尾長の他に、後足長（後肢の踵からつま先までを爪を入れて計る場合と、爪を入れないで計る場合がある）と耳長などを記録しておく（図7）。

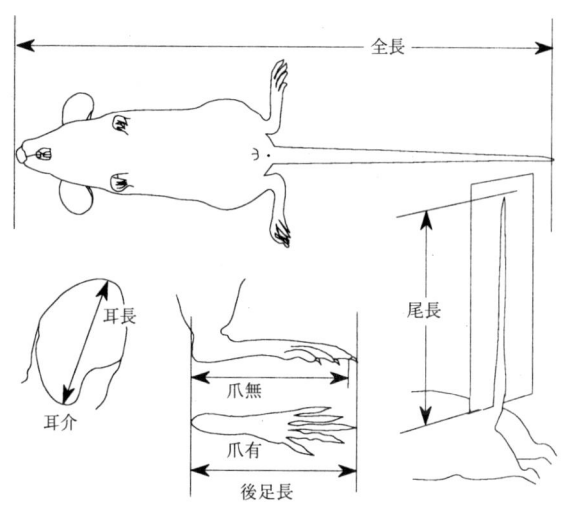

図7　ネズミ類の外部形態計測法

ネズミ亜科の臼歯は臼状で歯根のある有根歯であるが、ハタネズミ亜科の臼歯は扇状で、本州産のものは歯根がない無根歯である。しかし、北海道産のものは成長が進むと歯根が形成される。なお、ネズミ類の歯は全部で16本あり、門歯、犬歯、前臼歯および臼歯のうち、上下顎の左右にそれぞれ門歯1本と臼歯3本がある（図8）。

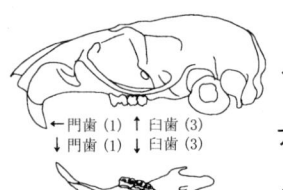

← 上顎左側を外側から

アカネズミの頭骨

← 下顎右側を内側から

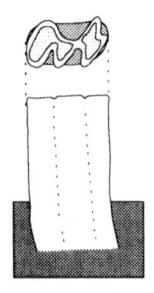 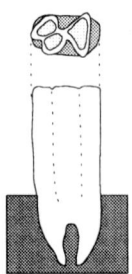 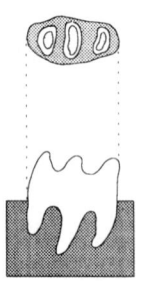

ハタネズミ亜科
ハタネズミ、ヤチネズミなどの臼歯は、歯根がない。

ハタネズミ亜科
エゾヤチネズミなどの臼歯は、成長してから歯根ができる。

ネズミ亜科
アカネズミ、ヒメネズミなどの臼歯は、歯根ができる。

臼歯（北原、1986を変更）

図8　ネズミ類の歯

捕獲した個体は、液浸標本や乾燥標本にしておく。乾燥標本は、肛門のすぐ後ろに後肢に沿って切れ目を入れ、踵の近くまで切開する（図9 A）。足は毛皮につけた状態で体と切り離し、次に尾椎(びつい)を引き抜くと、セーターを脱がすようにして毛皮を体側から剥がすことができる。

　毛皮に筋肉などが残っていると、ヒメマルカツオブシムシなどの食害を受けるので、余分な脂肪や筋肉は取り除いて、内側に防虫・防腐剤をすり込んでから、台紙（図9 B）をさし込んでひっくり返して乾燥すると乾燥標本（毛皮標本、フラットスキン）ができる（図9 C）。防虫・防腐剤は、硼酸(ほうさん)：焼明礬(やきみょうばん)：樟脳(しょうのう)を粉末にして、2：1：1（重量比）に混合する（橋本、1959）。

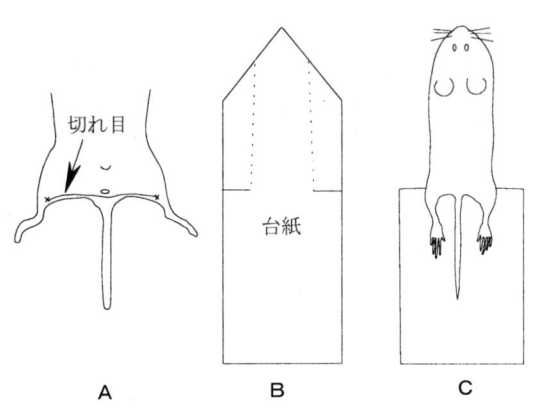

図9　毛皮標本（フラットスキン）の作製法

また、腹部を切開して、その切口から内部を取り出し毛皮だけにして、内側に薬剤をすり込んだ後、綿を入れて切口を縫い合わせて乾燥すると仮剥製になる。

　なお、逆に頭骨に付いた肉をカツオブシムシやミールワームに食べさせると、頭骨の標本ができる（図10）。

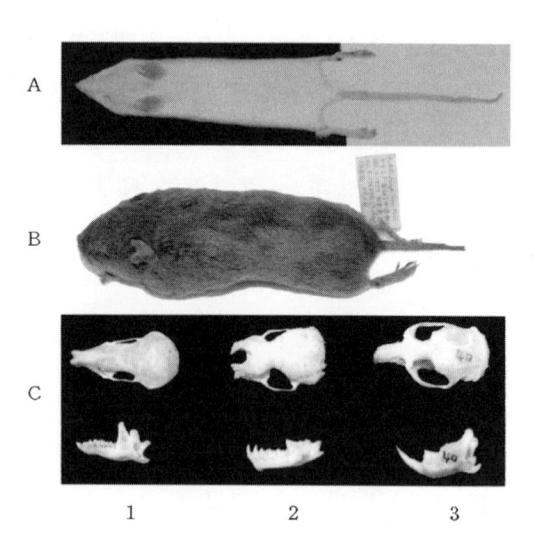

A．マウスのフラットスキン
　野生のハツカネズミの突然変異の白化型（アルビノ）を実験動物化したものがマウスであり、ドブネズミの突然変異の白化型（アルビノ）を実験動物化したものがラットである。
B．仮剥製（田中亮氏作製）
　四国剣山で昭和33年（1958）に捕獲されたスミスネズミの仮剥製。
C．頭骨標本（下段は下顎骨）
　1．ヒミズ　2．キクガシラコウモリ　3．ハタネズミ

図10　フラットスキンと仮剥製と頭骨標本

6．福島県に生息する小哺乳類

　最近発行される図鑑類にはすばらしい生態写真が掲載されている。確かに遠隔操作や自動撮影などの科学機器類が発達したこともあるが、哺乳類（野生動物）が好きな人が増えたからに他ならない。

　しかし本書を読んでも、モグラ類、コウモリ類、ネズミ類を見に行きたいと思う人はおそらくいないであろう。もしいたとしても、植物や野鳥などのように、出かけて行って簡単に見ることは極めて難しいであろう。それぞれの小哺乳類のきれいな生態写真や詳しい説明はそれらの図鑑類にお任せすることにして、本書では第二部、第三部で福島県に生息している小哺乳類からどんなことがわかったのかをお話しする予定である。しかし、その前にそれぞれの小哺乳類に関して、種類別に簡単に説明しておくことにしよう。

　なお、頭胴長、尾長、後足長（爪無）、前腕長の単位は「mm」、体重の単位は「g」である。計測値の範囲は『日本の哺乳類』にある計測値を示しているが、福島県で捕獲した個体の計測値の一例も示してある。また、種名の後の「環」は環境省を、「福」は福島県を意味している。

(1) モグラ類（モグラ目）

　今までに、福島県に生息することが確認されたモグラ類は、トガリネズミ科ではトガリネズミ属のトガリネズミ、カワネズミ属のカワネズミ、ジネズミ属のジネズミの3種、モグラ科ではヒメヒミズ属のヒメヒミズ、ヒミズ属のヒミズ、ミズラモグラ属のミズラモグラ、ニホンモグラ属のアズマモグラの4種の合計7種である(表5)。なお、ミズラモグラは尾瀬、吾妻山、安達太良山などでの捕獲記録はあるが、計測値は明らかではないので、岩手県川井村で拾得された個体の計測値を示してある。

① トガリネズミ
　　Sorex caecutience Laxmann，1788
　北海道、本州中部以北、四国の山岳地に生息する。頭胴長 (48～78)、尾長 (39～55)、後足長 (11.5～13.7)、体重 (3～13.5)。平成13年 (2001) 9月30日に耶麻郡北塩原村で捕獲された♀は、頭胴長 (68.8)、尾長 (53.0)、後足長 (11.9)、体重 (3.2)であった。

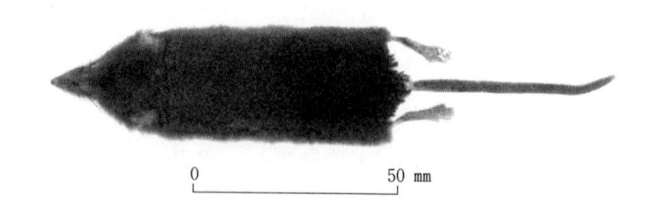

② カワネズミ （福：未評価）

Chimarrogale himalayaica (Gray, 1842)

本州、四国、九州に広く分布するが、福島県中通りや浜通りでは生息情報が少ない。日中山間の渓流付近で見かけることもある。頭胴長（103〜133）、尾長（94〜105）、後足長（24.5〜27.7）、体重（24〜56.5）。平成13年（2001）10月15日に二本松市塩沢で捕獲された♀は、頭胴長（127.2）、尾長（105.9）、後足長（29.0）、体重（48.8）であった。

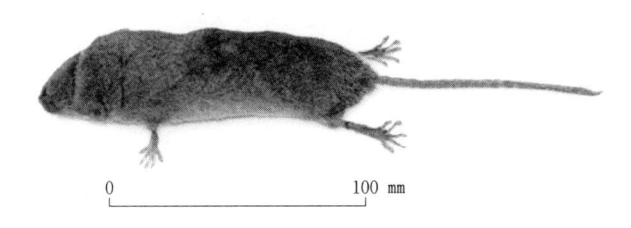

③ ジネズミ

Crocidura dsinezumi (Temminck, 1843)

北海道、本州、四国、九州に広く分布する。トガリネズミよりは低標高で見られる。頭胴長（61〜84）、尾長（39〜60）、後足長（11.5〜15）、体重（5〜12.5）。平成14年（2002）6月16日に伊達郡伊達町で捕獲された♀は、頭胴長（64.0）、尾長（44.2）、後足長（11.8）、体重（8.4）であった。

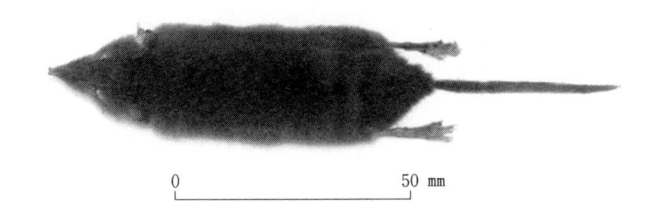

④ ヒメヒミズ

Dymecodon pilirostoris True，1886

　本州、四国、九州の亜高山帯・高山帯に分布する。頭胴長（70〜84）、尾長（32〜44）、後足長（12.8〜15.2）、体重（8〜14.5）。平成13年（2001）9月29日に安達太良山沼尻（標高1,200m）で捕獲された♀は、頭胴長（76.9）、尾長（37.1）、後足長（14.5）、体重（9.6）であった。

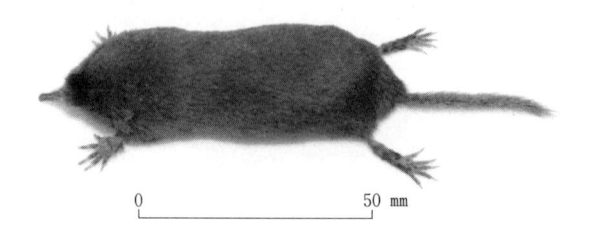

⑤ ヒミズ

Urotrichus talpoides Temminck，1841

　本州、四国、九州に広く分布する。ヒメヒミズよりは低標高で見られる日本固有種。頭胴長（89〜104）、尾長（13.8〜16）、後足長（12.8〜15.2）、体重（14.5〜25.5）。平成13年（2001）11月9日に安達太良山湯川で捕獲された♂は、頭胴長（77.9）、尾長（30.0）、後足長（14.8）、体重（16.4）であった。

⑥　ミズラモグラ　（環：準絶滅危惧、福：未評価）
　　Euroscaptor mizura（Gunther，1880）
　本州の青森県から広島県まで広く分布するが、生息数は少ない。頭胴長（80～106.5）、尾長（20～26）、後足長（13.5～15.4）、体重（26～35.5）。尾瀬などでの報告はあるが、計測値はない。平成15年（2003）7月18日に岩手県川井村で今野志麻氏が拾得した♂の死体は、頭胴長（84.8）、尾長（20.8）、後足長（14.2）、体重（24.0）であった。

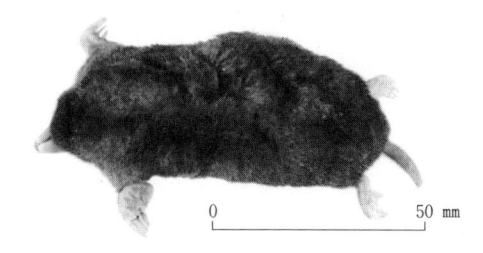

⑦　アズマモグラ
　　Mogers wogura（Temminck，1842）
　北本州中部以北と紀伊半島、中国地方、四国の農耕地から山岳地に生息する。北本州中部以南にはコウベモグラ、佐渡と対岸の越後平野にはサドモグラが生息する。頭胴長（121～159）、尾長（14～22）、後足長（16～21.5）、体重（48～127）。平成15年（2003）9月7日に安達郡飯野町で拾得された♀は、頭胴長（118.0）、尾長（18.0）、後足長（17.2）、体重（71.0）であった。

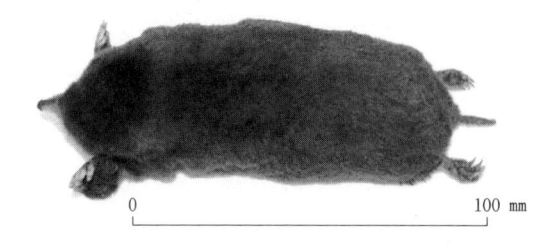

* ジャコウネズミ
　Suncus murinus (Linnaeus, 1766)

　長崎県出島・五島列島、鹿児島県および南西諸島に分布しており、福島県には生息していない。頭胴長（116～157）、尾長（61～77）、後足長（18.5～22）、体重（45～78）。平成13年（2001）10月8日に沖縄県中頭郡西原町琉球大学理学部付近で拾得した個体の計測値は以下のとおりである。頭胴長（110）、尾長（77.0）、後足長（18.0）、体重（36.2）。

0　　　　　　　　　　　　　　　　100 mm

(2) コウモリ類（コウモリ目）

　今までに、福島県に生息することが確認されたコウモリ目は、表6に示してあるように、キクガシラコウモリ科ではキクガシラコウモリとコキクガシラコウモリの2種、ヒナコウモリ科ではモモジロコウモリ、ヒメホオヒゲコウモリ、クロホオヒゲコウモリ、アブラコウモリ、クビワコウモリ、ヤマコウモリ、コヤマコウモリ、ヒナコウモリ、チチブコウモリ、ウサギコウモリ、ユビナガコウモリ、テングコウモリおよびコテングコウモリの合計15種である。

① キクガシラコウモリ

Rhinolophus ferrmequinum (Schreber, 1774)

日本に広く分布する洞穴性コウモリ。前腕長（56〜65）、頭胴長（63〜82）、尾長（28〜45）、体重（17〜35）。平成11年（1999）10月17日に福島市平野沼前で捕獲された♂は、前腕長（57.7）、頭胴長（71.3）、尾長（32.2）、体重（26.6）であった。

② コキクガシラコウモリ

Rhinolophus cornutus Temminck, 1835

日本に広く分布する洞穴性コウモリ。前腕長（36〜44）、頭胴長（35〜50）、尾長（16〜26）、体重（4.5〜9）。平成11年（1999）10月17日に福島市平野沼前で捕獲された♀は、前腕長（41.3）、頭胴長（46.8）、尾長（20.2）、体重（9.2）であった。

③ モモジロコウモリ

Myotis macroductylus（Temminck，1840）

日本に広く分布する洞穴性コウモリ。前腕長（34〜41）、頭胴長（44〜63）、尾長（32〜45）、体重（5.5〜11）。平成14年（2002）7月31日に尾瀬で捕獲された♂は、前腕長（36.6）、頭胴長（54.4）、尾長（31.8）、体重（6.7）であった。

④ ヒメホオヒゲコウモリ　（環：絶滅危惧Ⅱ類、福：希少）

Myotis ikonikovi Ognev，1912

北海道および中国地方を除く本州に分布する樹洞性コウモリ。前腕長（33〜36）、頭胴長（42〜51）、尾長（31〜40）、体重（4〜7）。平成12年（2000）7月14日に大江湿原奥登山道で捕獲された♂は、前腕長（34.5）、頭胴長（46.3）、尾長（38.2）、体重（6.5）であった。

⑤　クロホオヒゲコウモリ　　（環：絶滅危惧ⅠB類、福：希少）

　　Myotis pruinosus Yoshiyuki, 1971

　中国地方を除く本州と四国に分布する日本固有種の樹洞性コウモリ。前腕長（30～34）、頭胴長（38～44）、尾長（33～40）、体重（4～7）。平成14年（2002）9月14日に只見町倉谷川で捕獲された♂は、前腕長（31.6）、頭胴長（38.8）、尾長（33.8）、体重（3.4）であった。

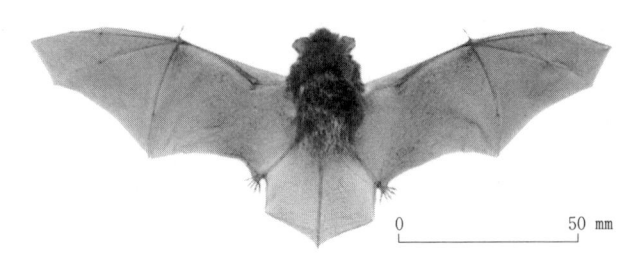

⑥　アブラコウモリ

　　Pipstrellus abramus (Temminck, 1840)

　日本に広く分布する家屋性コウモリ。前腕長（30～37）、頭胴長（41～60）、尾長（29～45）、体重（5～10）。平成12年（2000）9月27日に二本松市大壇で捕獲された♂は、前腕長（32.4）、頭胴長（48.7）、尾長（39.5）、体重（5.1）であった。

⑦　クビワコウモリ　　（環：絶滅危惧ⅠB類、福：未評価）
　　Eptesicus japonensis Imaizumi, 1953
　生息数が少ない日本固有種の樹洞性コウモリ。前腕長（38〜43）、頭胴長（55〜65）、尾長（35〜43）、体重（8〜13）。平成12年（2000）7月24日に尾瀬長英新道で捕獲された♀は、前腕長（39.7）、頭胴長（56.5）、尾長（38.0）、体重（9.8）であった（福島県の記録はこれだけである）。

⑧　ヤマコウモリ　　（環：絶滅危惧Ⅱ類、福：絶滅危惧Ⅰ類）
　　Nyctalus aviator (Thomas, 1911)
　最近は北海道、中部以北の本州、対島、壱岐、福江島から報告があるだけで、福島県でも生息地が減少している樹洞性コウモリ。前腕長（57〜66）、頭胴長（89〜113）、尾長（51〜67）、体重（35〜60）。昭和49年（1974）8月26日に会津坂下町で捕獲された♀は、前腕長（63.7）、頭胴長（90.0）、尾長（63.5）、体重（36.0）であった。

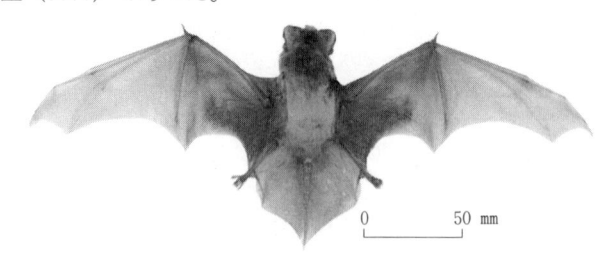

⑨　コヤマコウモリ　　（環：絶滅危惧ⅠB類、福：未評価）
　　Nyctalus furvus Imaizumi et Yoshiyuki, 1968
　福島県、岩手県、青森県から報告があるだけの極めて生息数が少ない樹洞性コウモリ。前腕長（48～53）、頭胴長（76～84）、尾長（46～54）。昭和48年（1973）8月28日に尾瀬で捕獲された♀は、前腕長（50.6）、頭胴長（77.0）、尾長（48.0）であった。

⑩　ヒナコウモリ　　（環：絶滅危惧Ⅱ類、福：準絶滅危惧）
　　Vespertilio superans Thomas, 1899
　北海道、本州、四国、九州に分布し家屋、樹洞、洞穴などで見られるコウモリ。前腕長（47～54）、頭胴長（68～80）、尾長（35～50）、体重（14～30）。平成12年（2000）7月17日に尾瀬で捕獲された♂は、前腕長（48.7）、頭胴長（65.3）、尾長（44.5）、体重（13.8）であった。

⑪　**チチブコウモリ**　　（環：絶滅危惧Ⅱ類、福：未評価）
　　Barbastella leucomellas（Cretzchmar，1826）　　364
　北海道、本州中部以北、四国からの採集記録はあるが、生息数が極めて少ない樹洞性コウモリ。前腕長（39〜44）、頭胴長（50〜63）、尾長（43〜54）、体重（8〜12）。平成13年（2001）8月14日に尾瀬長英新道で捕獲された♂は、前腕長（41.8）、頭胴長（57.6）、尾長（51.9）、体重（9.3）であった。

⑫　**ウサギコウモリ**　　（環：絶滅危惧Ⅱ類、福：絶滅危惧Ⅱ類）
　　Plecotus auritus（Linnaeus，1758）
　北海道、本州中部以北、四国からの採集記録がある樹洞性コウモリであるが、洞穴、家屋でも見られる。前腕長（40〜45）、頭胴長（42〜58）、尾長（42〜55）、体重（5〜13）。平成12年（2000）7月14日に尾瀬沼畔で捕獲された♀は、前腕長（41.3）、頭胴長（49.0）、尾長（50.8）、体重（9.4）であった。

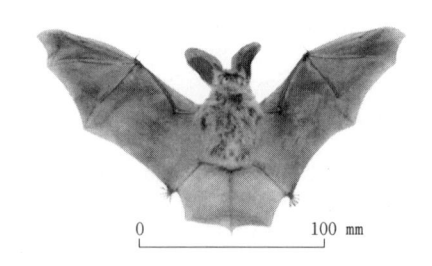

⑬　ユビナガコウモリ　　（福：未評価）
　　Miniopterus fuliginosus（Hodgson，1835）

　本州、四国、九州などに広く分布する洞穴性コウモリであるが、福島県での確認は平成13年（2001）である。第3指の第2・3指骨長は第1指骨長の約3倍。前腕長（45〜51）、頭胴長（59〜69）、尾長（51〜57）、体重（10〜17）。平成15年（2003）10月13日に福島市飯坂町中野堰場で捕獲された♀は、前腕長（47.3）、頭胴長（60.8）、尾長（53.8）、体重（15.2）であった。

⑭　テングコウモリ　　（環：絶滅危惧Ⅱ類、福：希少）
　　Murina leucogaster Milne-Edowards，1872

　日本に広く分布する樹洞性コウモリであるが、洞穴でもよく見られる。鼻孔が管状で外側に突出している。前腕長（41〜46）、頭胴長（59〜73）、尾長（36〜47）、体重（9〜15）。平成11年（1999）12月19日に鹿島町大穴鍾乳洞で捕獲された♀は、前腕長（43.3）、頭胴長（59.3）、尾長（41.1）、体重（16.2）であった。

⑮　コテングコウモリ　　（環：絶滅危惧Ⅱ類、福：希少）

　Murina ussuriensis Ognev, 1913

　北海道、本州、四国、九州に分布する樹洞性コウモリであるが、洞穴、家屋でも見られる。前種と同様に鼻孔が管状で外側に突出している。前腕長（29～33）、頭胴長（41～54）、尾長（26～33）、体重（3.5～6.5）。平成12年（2000）8月24日に尾瀬で拾得された♂は、前腕長（29.5）、頭胴長（43.0）、尾長（27.0）、体重（3.8）であった。

＊クビワオオコウモリ

　Pteropus dasymallus Temminck, 1825

　大隅諸島、トカラ列島、沖縄島など九州以南に生息し、福島県には生息しない。前腕長（120～145）、頭胴長（190～250）、体重（320～530）。琉球大学理学部で保護されていたクビワオオコウモリを、平成13年（2001）10月8日に琉球大学教授伊澤雅子博士に見せていただいた。

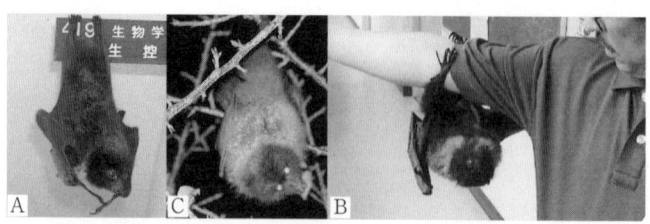

クビワオオコウモリ（A,Bは保護個体、Cは野生個体(沖縄国際大学)）

(3) ネズミ類（ネズミ目、ネズミ科）

　今までに、福島県に生息することが確認されたネズミ類（ネズミ目、ネズミ科）は、表8に示してあるように、ハタネズミ亜科ではビロードネズミ属のスミスネズミとヤチネズミの2種、ハタネズミ属のハタネズミの合計3種である。また、ネズミ亜科ではアカネズミ属のヒメネズミとアカネズミの2種、カヤネズミ属のカヤネズミ、クマネズミ属のドブネズミとクマネズミの2種、ハツカネズミ属のハツカネズミの合計6種である。両亜科を合わせたネズミ科の合計は9種となる。

① スミスネズミ　　（福：希少）
　　Eothenomys smithii（Thomas, 1905）
　福島県、新潟県以南の本州、四国、九州に分布する。頭胴長（70〜115）、尾長（30〜50）、後足長（15.5〜18）、体重（20〜35）。昭和52年（1977）8月25日に尾瀬で捕獲された♂は、頭胴長（89.0）、尾長（46.5）、後足長（16.5）、体重（17.5）であった（環境庁ではカゲネズミ）。

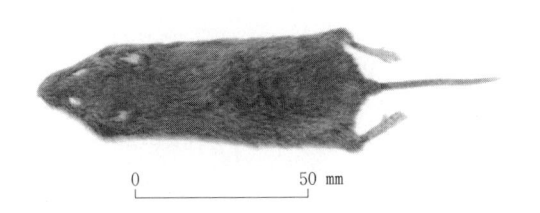

② ヤチネズミ

Eothenomys andersoni（Thomas, 1905）

　本州の中部・北陸以北と紀伊半島南部に生息する。頭胴長（79〜118）、尾長（40〜63）、後足長（16.5〜19.2）、体重（11〜40）。昭和56年（1981）8月20日に尾瀬で捕獲された♀は、頭胴長（105.7）、尾長（59.3）、後足長（18.6）、体重（25.6）であった（環境庁ではトウホクヤチネズミ）。

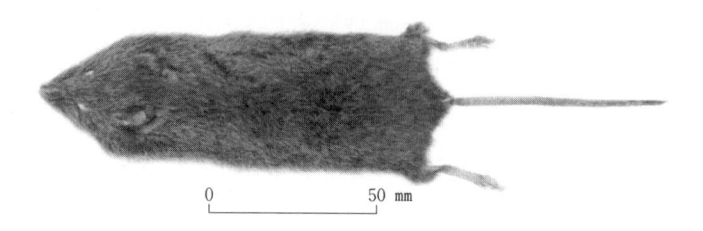

③ ハタネズミ

Microtus montebelli（Milne-Edwards, 1872）

　本州と九州の低地から高山帯までの草原的環境に広く分布する。頭胴長（95〜136）、尾長（29〜50）、後足長（16.5〜20.4）、体重（22〜62）。平成14年（2002）7月21日に伊達郡伊達町で捕獲された♂は、頭胴長（94.6）、尾長（31.2）、後足長（16.4）、体重（22.9）であった。

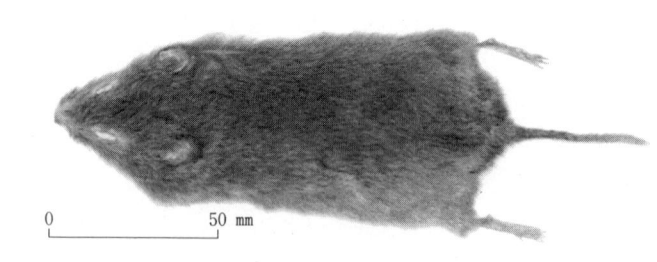

④ ヒメネズミ

Apodemus argenteus(Temminck, 1844)

日本全国の低地から高山帯に広く分布する。森林に多く見られ、木登りが上手で半樹上生活をする。頭胴長（65〜100）、尾長（70〜110）、後足長（18〜21）、体重（10〜20）。平成11年（1999）8月6日に尾瀬で捕獲された♂は、頭胴長（91.2）、尾長（96.2）、後足長（18.8）、体重（20.5）であった。

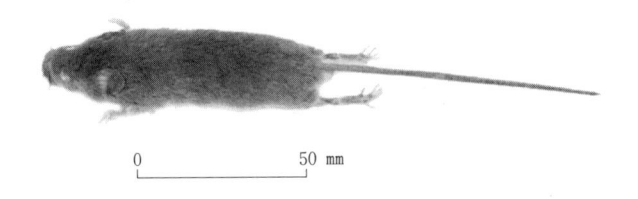

⑤ アカネズミ

Apodemus speciosus(Temminck, 1844)

日本全国の低地から高山帯に広く分布する。開けた森林に多く見られる。頭胴長（80〜140）、尾長（70〜130）、後足長（22〜26）、体重（20〜60）。平成11年（1999）8月6日に尾瀬で捕獲された♀は、頭胴長（108.9）、尾長（100.3）、後足長（22.3）、体重（35.5）であった。

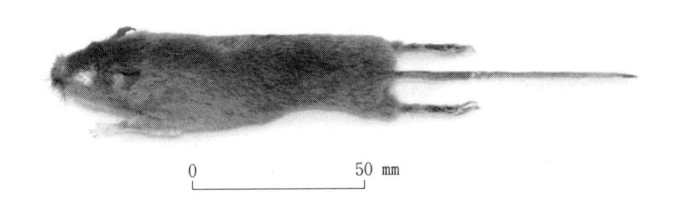

⑥ カヤネズミ　（福：希少）

　　Micromys minutus（Pallas, 1771）

　宮城県以南の本州、四国、九州に広く分布するが、生息数は多くない。地上1m程のところに、ススキなどを編んで球形の巣を作る。頭胴長（50～80）、尾長（61～83）、後足長（14～16.7）、体重（7～14）。平成9年（1997）4月29日に伊達郡伊達町で捕獲された♂は、頭胴長（60.8）、尾長（58.2）、後足長（15.4）、体重（5.8）であった。

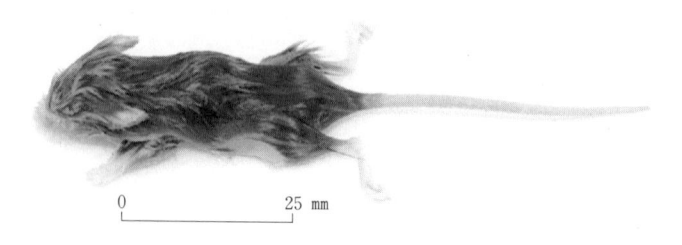

0　　　25 mm

⑦ ドブネズミ

　　Rattus norvegicus（Berkenhout, 1769）

　汎世界的に分布する。下水、台所、ゴミ捨て場などを好む。耳介がクマネズミよりも小さく、前に倒すと目に達しない。頭胴長（110～280）、尾長（175～220）、後足長（27～42）、体重（40～500）。平成13年（2001）11月27日に福島市大森で捕獲された♂は、頭胴長（144.5）、尾長（128.0）、後足長（34.8）、耳長（16.2）、体重（85.3）であった。

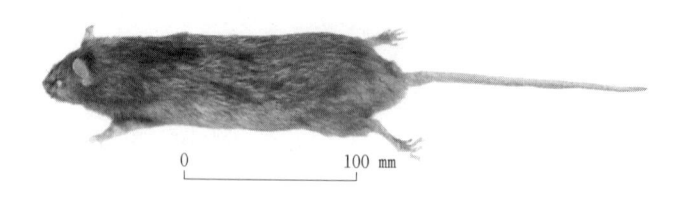

0　　　100 mm

⑧ クマネズミ

　Rattus rattus（Linnaeus, 1758）

汎世界的に分布する。家屋の天井裏や比較的乾燥した高所を好む。耳介が大きく、前に倒すと目に達する。頭胴長（150～240）、尾長（150～260）、後足長（22～35）、体重（150～200）。平成13年（2001）9月6日に伊達郡霊山町で捕獲された♂は、頭胴長（197.2）、尾長（173.0）、後足長（30.5）、耳長（21.5）、体重（38.2）であった。

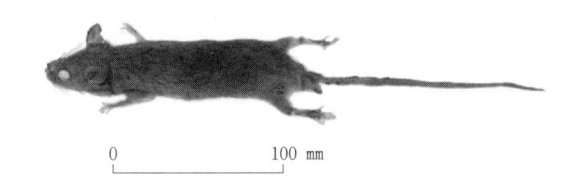

0　　　　　100 mm

⑨ ハツカネズミ

　Mus musculus Linnaeus, 1758

汎世界的に分布する。家屋、水田、畑、河川敷など人間の生活域に近いところに見られる。頭胴長（57～91）、尾長（42～80）、後足長（13～17）、体重（9～623）。平成12年（2000）6月23日に郡山市阿武隈川河川敷で捕獲された♀は、頭胴長（62.4）、尾長（55.2）、後足長（15.2）、体重（8.7）であった。

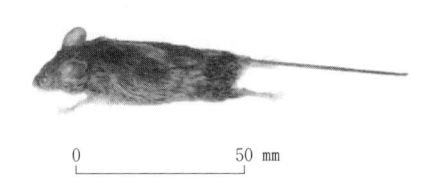

0　　　　　50 mm

＊カヤネズミについて

　今泉（1960）では、カヤネズミの太平洋側の分布北限は栃木県であったが、福島県いわき市で捕獲されたことにより、今泉他（1966）では福島県いわき市になった。その後、平成8年（1996）11月に福島市平石でカヤネズミの球巣を発見し持ち帰ったところ、出産直後の幼獣6個体を確認した。また、同地において翌年1月に♀1個体を捕獲した（木村他、1998a）ことから、分布北限は福島市になった。しかし、現在の分布北限は、阿武隈川河川敷でカヤネズミの成体が捕獲された宮城県伊具郡丸森町長内である（木村他、1998b）。

　なお、球巣だけならばさらに北に位置する宮城県角田市笠松の阿武隈川河川敷でも確認されており（木村他、1998a）、平成15年（2003）5月の調査でも、宮城県桃生郡河北町の北上川河川敷で確認された。したがって、今後調査が進展すれば、分布北限はさらに北上するものと考えられる。

　また、『レッドデータブックふくしまⅡ』ではカヤネズミは希少になっているが、福島県内では各地で球巣が確認されている。特に、伊達郡川俣町小神地区や伊達郡飯野町でのイノシシの生態調査中に、飯野町の高木政光氏のご協力によりカヤネズミの球巣を多数確認している。

カヤネズミの球巣（Aは川俣町小神、Bは飯野町大久保）

第二部

磐梯山の小哺乳類

1. 国際生物学事業計画

　学術的に重要であり、かつ地域的に代表的な各種陸上生態系を選定し、将来にわたってその地域を保護し、野外研究地域として活用し、ひいては社会教育にも役立てることを目的として、文部省科学研究費特定研究「生物圏の動態」の研究費補助による国際生物学事業計画の研究が昭和41年（1966）から開始された。昭和46年（1971）に、補充調査地域に選定された磐梯山（標高1,819m）地域の動物相調査を実施することになり、その調査のお手伝いをすることになった。動物相を記載するための調査法については、福島大学の蜂谷剛教授と桜聖母女子短期大学の水野好教授が中心になって、主に鳥類と昆虫類を対象に研究が進められた。その年は、主に磐梯山地域に生息する昆虫類を対象としたベイトトラップ法、スモーキング法、スイーピング法などが実施された。ベイトトラップ法とは、最初は墜落缶として大型のガラス瓶（最近は大型のビールのカップのようなものを使用している）を、缶の縁が地面と同じようになるように土中に埋めて、地面を歩き回る昆虫類を墜落させる方法である。墜落缶のなかには、昆虫類を誘引するために発酵させた

バナナ、黒砂糖を焼酎で溶いた糖蜜、あるいは腐肉などを入れることが多かった。ものすごい臭いがする腐肉の汁を車のなかに落としてしまって、調査後しばらくは車のなかからその臭いがとれなくて大変だったことを覚えている。墜落缶のなかには時々ジネズミやトガリネズミなどの小型のモグラ類が落ちて、飛び出せずに捕獲されることもあった。翌年（1972）に実施された磐梯山の動物相調査では、哺乳類、特にネズミ類やモグラ類の分布状況を調査することを目的として、捕獲ワナを使用した小哺乳類の調査を担当することになった。

まず最初に、磐梯山地域に生息しているネズミ類、モグラ類相を明らかにするために、ビクタースナップトラップ（通称ハジキワナ）を用いた調査を実施した。付け餌として魚肉ソーセージを用い、植物性のオートミールも併用した。ネズミ類・モグラ類が使っていると考えられる磐梯山の登山路沿いのトンネルの出入り口に、主に小型のスナップトラップを設置して小哺乳類を捕獲した。その結果、合計944個のワナを使用して捕獲した小哺乳類は、モグラ目のジネズミ（1個体）、ヒメヒミズ（43）、ヒミズ（32）、ネズミ類（ネズミ目、ネズミ科）のヤチネズミ（1）、ハタネズミ（21）、アカネズミ（14）、ヒメネズミ（72）およびドブネズミ（3）の合計8種187個体であった（蜂谷・星、1973）。

2. ヒメヒミズとヒミズの分布とその変遷

　裏磐梯スキー場（標高950～1,050m）では、ヒメヒミズ（42個体、図11）とヒミズ（6個体、図11）が捕獲された。モグラ科に属する小型のモグラであるヒメヒミズとヒミズは、平地に生息する大型のモグラと異なり、トンネル生活への適応度は小さい。しかし、2種を比較すると、体の大きなヒミズがいろいろな点で地下生活に適した形態をしており、土壌の発達した地域ではヒミズの方が有利になると考えられている。なお、ヒメヒミズとヒミズはある海抜高度を境に上方にヒメヒミズが、下方にヒミズが生息するといわれており（Tokuda、1953；徳田、1969）、今泉（1970）によれば、原始的な形態を残すヒメヒミズが本州の亜高山帯以上に弧島状に分布しているといわれている（図12）。

　図12は、今泉（1970）のヒメヒミズの分布図を一部変更して示したものであるが、東北では十和田湖畔、早池峰山、尾瀬、奥日光などに生息し、本州中部以西では、志賀高原、戸隠、妙高、奥秩父、丹沢、富士、赤石山脈、木曽山脈、八ヶ岳、飛騨山脈、四国では剣山、九州では祖母山、九重山系などに生息することが知られている。

ヒメヒミズ

0　　　　50　　　　100 mm

ヒミズ

図11　ヒメヒミズとヒミズ
（宮尾、1977を変更）

⬬：ヒメヒミズの分布域

図12　ヒメヒミズの分布
（今泉、1970を変更）

ヒミズとヒメヒミズに関しては、富士山の青木ヶ原富士風穴付近（標高1,100m）の分布境界付近において面白い現象が観察されており、それが「ヒミズとヒメヒミズの『すみわけ』」として報告された（今泉・今泉、1972）。今泉らは、2種が生息する土壌地帯と溶岩流地帯が含まれる約50×100mに方形区の調査地を設定して、シャーマンライブトラップを132個設置し、2時間おきにワナで捕獲された個体を見て回って記号放逐法（標識再捕法、後述する）を実施した。

　図13は今泉らの図を一部変更して示したものであるが、その捕獲結果を見てみると、溶岩流地帯からはヒメヒミズ14（のべ21）個体が16（のべ21）地点で捕獲され、溶岩流地帯に残された土壌地帯からはヒミズ5（のべ13）個体が10（のべ21）地点で捕獲された。図中の＋印はワナ設置点、網かけの部分は溶岩流地帯、網のない部分は土壌地帯、□印はヒメヒミズが捕獲されたワナ、○印はヒミズが捕獲されたワナを示している。この結果から、捕獲されたワナの分布によりヒメヒミズの活動範囲は溶岩流地帯に限られ、ヒミズの活動範囲は土壌地帯に限られているのがわかった。今泉らは溶岩流地帯にヒメヒミズ、土壌地帯にヒミズが生息することでヒミズ類の「すみわけ」が成立していると結論付け、またこのすみわけの要因としては土壌条件が重要であると指摘した。

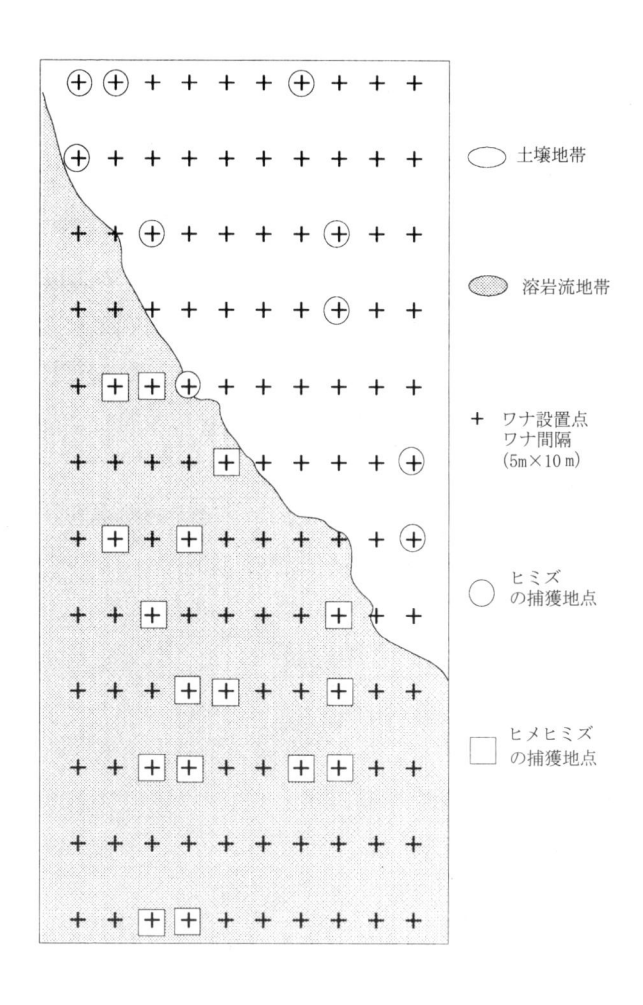

図13　青木ヶ原の調査地（今泉・今泉、1972を変更）

凡例:
- ◯ 土壌地帯
- ⬭（灰色）溶岩流地帯
- ＋ ワナ設置点　ワナ間隔（5m×10m）
- ◯ ヒミズの捕獲地点
- □ ヒメヒミズの捕獲地点

このヒメヒミズとヒミズの「すみわけ」に関しては、前述したように、Tokuda（1953）は一定の海抜高度を境に、上方にヒメヒミズが、下方にヒミズが生息すると報告し、各地でのヒミズとヒメヒミズの捕獲結果から、図14のような海抜高度によるヒミズとヒメヒミズの分布状況を示している（徳田、1969）。なお、この図14に関しても徳田（1969）を一部変更し、富士山青木ヶ原での今泉らの調査結果とこれから述べることになる裏磐梯スキー場での調査結果からみられた磐梯山地域の分布状況を付け加えて示してある。

　この海抜高度説で考えると、ヒメヒミズの垂直分布の下限は、北の方から八甲田山では標高900m、早池峰山では1,000m、尾瀬沼では1,300m、御岳では1,800m付近にあることから、本州中部のヒメヒミズの垂直分布の下限は、ほぼ標高1,500mぐらいにあると考えられる（今泉・今泉、1970）。しかし、今泉らは富士山地域では標高800mの本栖湖畔から2,400m以上の五合目にわたって2種の生息を確認しているが、ヒメヒミズの捕獲状況を考慮して、溶岩流の流れた土壌条件のよくない地域にのるような形で、ヒメヒミズが生息域を低標高まで下降させていると考えた。そして、青木ヶ原（標高1,100m）では、標高約1,100mまでヒメヒミズの分布域が下降しているとした（今泉・今泉、1972）。

八甲田山　↑ ヒメヒミズ
　　　　　標高 900m
　　　　　↓ ヒミズ

早池峰山　↑ ヒメヒミズ
　　　　　標高 1,000m
　　　　　↓ ヒミズ

磐梯山　　↑ ヒメヒミズ
　　　　　標高 1,200m
　830m　　↓ ヒミズ

尾瀬沼　　↑ ヒメヒミズ
　　　　　標高 1,300m
　　　　　↓ ヒミズ

富士山　　↑ ヒメヒミズ
　　　　　標高 1,500m
　1100m　 ↓ ヒミズ

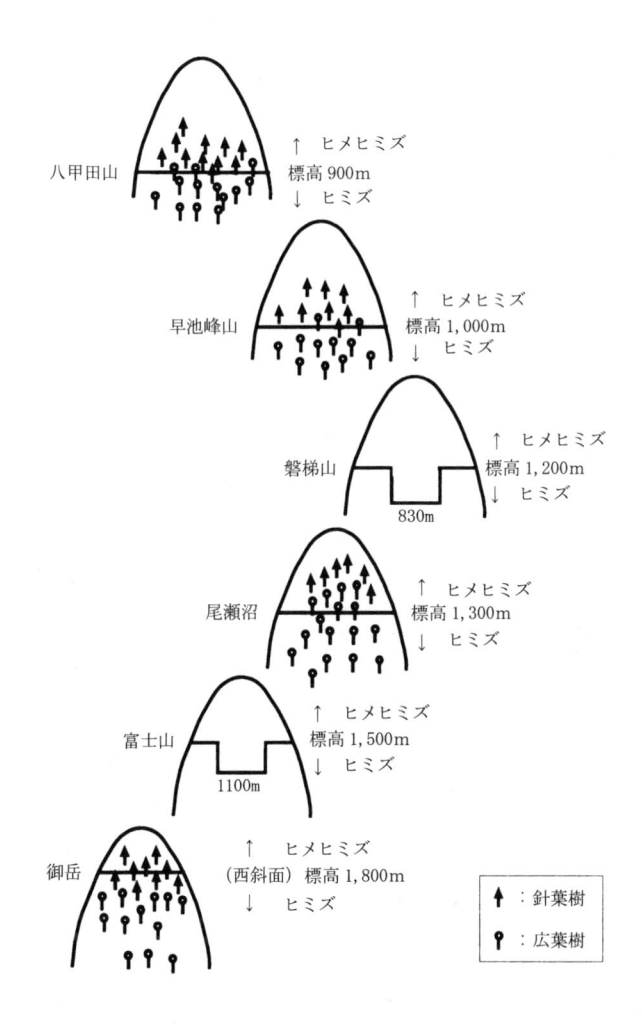

御岳　　　↑ ヒメヒミズ
　　　　　(西斜面) 標高 1,800m
　　　　　↓ ヒミズ

↑：針葉樹
♀：広葉樹

図14　2種の分布境界の地方差
　　　（徳田、1969を変更して富士山と磐梯山を追加）

昭和47年（1972）に実施した裏磐梯スキー場（標高950～1,050ｍ）での捕獲調査では、捕殺ワナを使用し、裏磐梯スキー場の上部からはヒメヒミズが、スキー場下部からはヒミズが捕獲された。裏磐梯スキー場は磐梯山の噴火の際に泥流の流れた地域に存在し、現在でも土壌の発達が悪く、スキー場を取り囲む林に入ると大小の岩塊が見られる地域である。

　今泉・今泉（1972）は、富士山青木ヶ原の調査で溶岩流地帯にのるような形でヒメヒミズが分布域を下降させていることを報告している。磐梯山地域でもこれと同じ現象が見られ、泥流にのるような形でヒメヒミズが分布域を下降させているのかもしれないと考えられることから、磐梯山の登山路沿いに捕殺ワナを設置して、ヒメヒミズとヒミズの分布状況を調査することになった。

　図15には、昭和54～55年（1979～80）に実施した磐梯山の登山路沿いに設置した捕殺ワナでのヒメヒミズとヒミズの捕獲結果が示してある（木村他、1981）。ワナを設置したのは磐梯山頂を目指す登山路で、天鏡台ルート、赤埴山ルート、琵琶沢ルート、川上温泉ルート、裏磐梯スキー場ルートおよび猫魔八方台ルートの６ルートと、磐梯ゴールドラインの有料道路沿いの１ルートである。なお、泥流の流れた北側の桧原湖や小野川湖畔の調査地点は裏磐梯スキー場ルートに含められている。

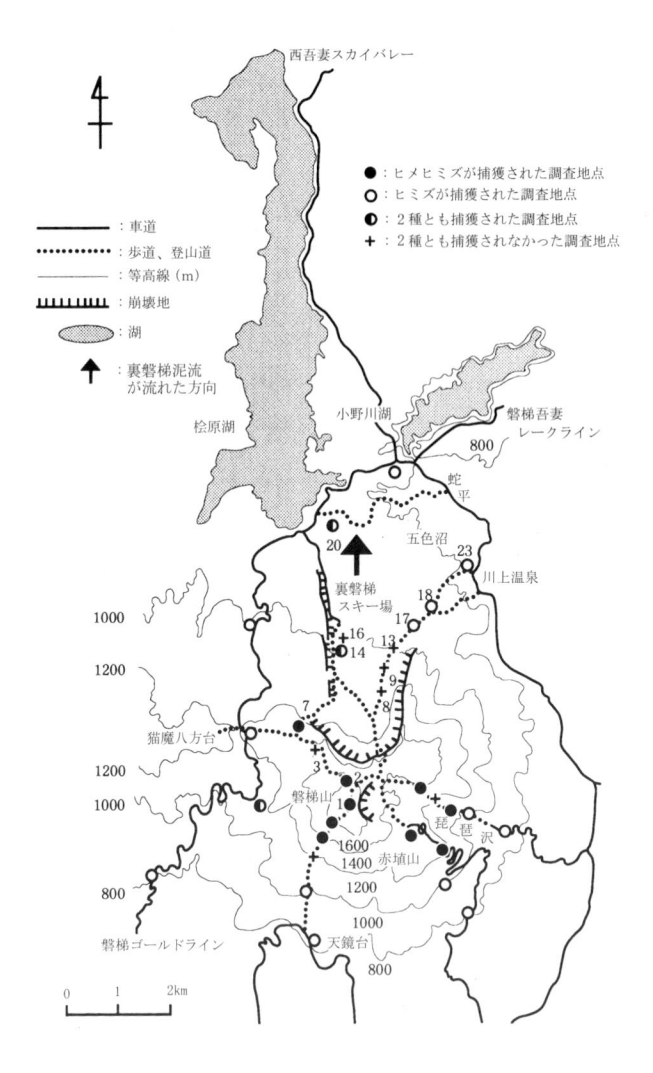

図15 ヒメヒミズとヒミズの捕獲地点 (1979〜80年)

もう一度図14に示した2種の分布境界の地方差に戻って、ヒメヒミズとヒミズの分布境界を見てみると、尾瀬沼では1,300m、早池峰山では1,000m、八甲田山では900mとなっている。北にいくほど2種の分布境界の標高が低くなっていることから、磐梯山地域では、尾瀬地域よりも低いが早池峰山よりは高いところに分布境界があるものと考えられ、その境界を約1,100～1,200mと予想した。しかし、磐梯山は明治21年（1888）に大爆発を起こし、裏磐梯（磐梯山北斜面）側には噴火の際に、大小の岩塊を多量に含んだ裏磐梯泥流が流れており、表磐梯（磐梯山南斜面）側と比較すると土壌環境が著しく改変されていることが知られている。したがって、この分布境界は、磐梯山噴火の影響の小さい表磐梯側だけに当てはまるもので、泥流の流れた裏磐梯側には当てはまらず、裏磐梯側では今泉・今泉（1972）が富士山青木ヶ原で指摘したように、大小の岩塊を多量に含んだ裏磐梯泥流にのるような形で、少なくとも裏磐梯スキー場のある標高950～1,050m付近まで、ヒメヒミズが生息域を下降させているものと予想した。

　裏磐梯スキー場での捕獲結果（1972）と今泉・今泉（1972）の報告および徳田（1969）の2種のモグラの分布境界の地方差から考えたこの予想は、的中したのかどうか、実際の捕獲結果を見てみることにしよう。

図15の磐梯山の捕獲結果には、ヒミズの捕獲地点を○印で、ヒメヒミズの捕獲地点を●印で示してある。また、2種がともに捕獲された地点は◐印で示してある。

　まず、天鏡台からの登山路ルートでは、ヒミズが標高800〜1,000mで捕獲され、1,200mではどちらも捕獲されず、標高1,400〜1,800mでヒメヒミズが捕獲されている。次に赤埴山ルートでは、ヒミズが標高800〜1,000mで捕獲され、ヒメヒミズは標高1,200〜1,400mで捕獲されている。琵琶沢ルートでも、ヒミズが標高800〜1,000mで捕獲され、ヒメヒミズは標高1,200〜1,400mで捕獲されている。3つのルートをまとめてみると、ヒミズは標高800〜1,200mに生息し、ヒメヒミズは標高1,200〜1,800mの山頂付近まで生息していた。

　ヒメヒミズとヒミズの分布境界は約1,100〜1,200mにあるとの予想は、磐梯山の南斜面である表磐梯側では見事に的中したことになる。

　それでは、磐梯山の噴火の際に裏磐梯泥流が流れた裏磐梯側での、ヒメヒミズの生息域は下降しているとの予想はどうだったのだろうか。

　川上温泉からの登山路ルートでは、ヒミズだけが標高750〜950mで捕獲され、ヒメヒミズは捕獲されなかった。次に裏磐梯ルートでは、ヒミズが標高800〜1,000mで捕獲され、ヒメヒミズは標高830〜1,600mで捕獲されてい

る。山頂部も裏磐梯側に含めて考えれば、山頂部の1,800mまではヒメヒミズが生息していると考えられる。このうち標高830mと1,000mではヒミズとヒメヒミズの2種がともに捕獲された。また、猫魔八方台ルートの1,200mではヒミズが捕獲され、磐梯ゴールドライン沿いのルートでは、1,100mでヒミズとヒメヒミズの2種がともに捕獲され、800mでヒミズが捕獲された。

3つのルートと磐梯ゴールドライン沿いの1ルートをまとめてみると、ヒミズは標高800〜1,200mに生息し、ヒメヒミズは標高830〜1,800mに生息していたことがわかった。そして、ヒメヒミズの生息域に関しては、富士山青木ヶ原で見られたようにヒメヒミズの生息域の下降が見られ、標高950〜1,050mの裏磐梯スキー場を通り越して、標高830mの五色沼遊歩道付近まで下降していた。したがって、磐梯山の噴火の際に、裏磐梯泥流が流れた裏磐梯地域のヒメヒミズの生息域は下降しているとの予想も、見事に的中したことになる。

ヒメヒミズの生息域拡大に泥流が関係していると考え、裏磐梯地域のヒメヒミズの生息域の下降が裏磐梯泥流にのるような形で広がっていることから、今泉・今泉（1972）の土壌条件により2種の分布が決まるという考えを支持することになった。

これらのヒメヒミズとヒミズのモグラの生態学的種間

関係については、Tokuda（1953）以降の研究に関する横畑（1998）のレビューがあり、磐梯山の木村（1984a）の報告も引用されている。しかし、木村他（2001）でも述べたように、すみわけ現象であると最初に指摘したのは今泉（1951）であり、富士山北面鳴沢口の1,600m付近を境として、上部にヒメヒミズが、下部にヒミズがすみわけているのであろうと推測している。その後、前述した海抜高度を条件とするTokuda（1953）のすみわけ説、競合説（柴内、1967）、温度条件をすみわけの要因とする内田・吉田（1968）の報告、ヒメヒミズを弱種としヒミズを強種とする威力競合によって生ずるすみわけ的分布の報告（今泉他、1969）、すみ場所の相違があるようだとする徳田（1969）の報告および今泉（1971）による富士山精進口での溶岩流地帯と土壌地帯での2種の分布状況に関する報告などがある。そして今泉・今泉（1972）の報告へとつながることになる。

　前述したように、今泉・今泉（1972）は富士山青木ヶ原で2種を対象とした記号放逐法を実施し、ヒメヒミズは標高1,100m付近の土壌条件が貧弱な溶岩流地帯に、ヒミズは溶岩流地帯に接した土壌地帯に生息することを明らかにした。そして、豊かな土壌地帯からしだいに貧弱な土壌地帯へと土壌条件が変化する場合には、豊かな方から貧弱な方へ向かってある一定の条件まではヒミズ

が有利で、逆に貧弱な方から豊かな方へのある一定の条件まではヒメヒミズが有利であろうと結論した。

　前述した柴内（1967）や今泉他（1969）によれば、ヒミズの生息域が拡大すればヒメヒミズの生息域は縮小し、孤島状に残っているヒメヒミズの生息域はいずれは消滅してしまうことが予想される。これに対して今泉・今泉（1972）の土壌条件説は、ヒメヒミズとヒミズの生息には土壌条件が関係していて、ヒメヒミズの生息域が消滅するのではなく、土壌条件という歯止めがあるので、ヒメヒミズの生息域は存続するというものである。すなわち、土壌条件の悪いところには、ヒミズは侵入できないということを述べたものである。

　ところで「すみわけ（habitat segregation）」とは、八杉他（1996）では「相似た生活様式をもつ2種類以上の生物において、それぞれの個体群が、各種単独で生息する場合の要求からいえば同じところにもすみうるのに、他種がいる場合に競争の結果生息場所を分け合っている現象」と定義されている。すなわち、ヒメヒミズとヒミズの「すみわけ」とは、ヒミズがいなければその生息域にヒメヒミズが侵入し、ヒメヒミズがいなければその生息域にヒミズが侵入できることになる。なお、生息場所を異にすることに関しては、「動物がその生活に適した生息場所（habitat）を選ぶこと。物理化学的な環境条件、

生息場所の構造、食物などによって規定されている特定の種は特定の場所を選択する」(沼田、1974) という「生息場所選択 (habitat selection, habitat preference)」もある。

　一方「すみわけ」に関して、森下 (1961) は競争の結果2種が共存できない場合には混在地域が消滅し、2種の間にある程度の競争がある場合および2種の間に競争がない場合は2種の混在地域があると述べている。また、森 (1997) は、2種の間に相互作用がある場合には、若干の移行帯を経て2種はすみわけることになり、移行帯には2種が生息するが、その幅は狭いこともあれば広いこともあると述べている (図16)。

　ここで図16のすみわけの概念の説明を付け加えると、次のようになる。上の図も下の図も縦軸は生息密度を示し、上にいけばいくほど生息密度が高いこと、すなわちたくさん生息していることを示している。また、横軸は環境条件の傾斜度で、例えば、環境条件を気温とするならば、左にいくにしたがって気温が低く、右にいくにしたがって気温が高い環境にあることを示している。上の図は、2種の間に相互作用がない場合を示しており、A種とB種は自由に本性にしたがって分布する (基本分布 Foundamental distribution)。下の図は2種の間に相互作用があり、若干の移行帯 (Transition zone) を経て、2種は生息場所を違えてすみわける。これを「現実分布

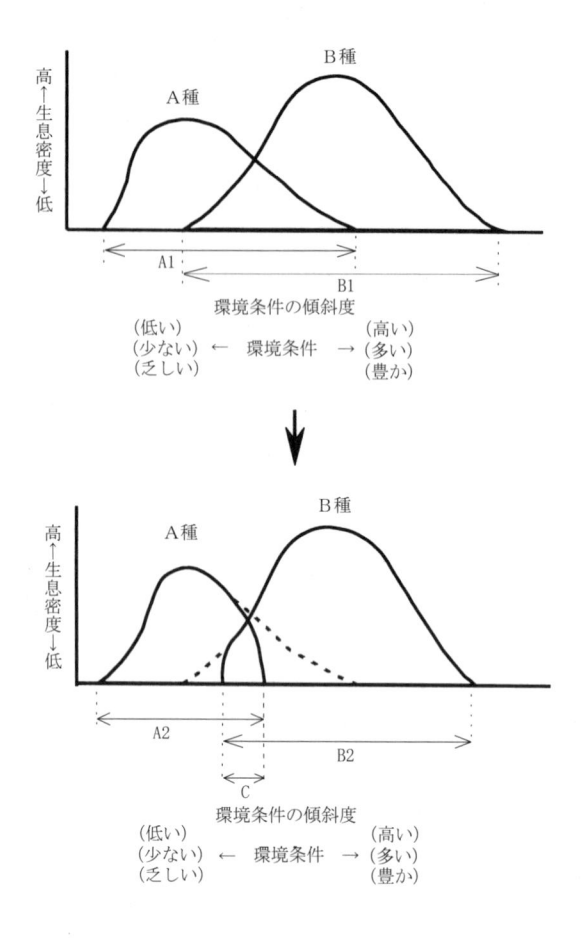

図16　**すみわけの概念図**（森、1997を変更）
　　Ａ１とＡ２はＡ種の、Ｂ１とＢ２はＢ種の分布範囲。
　　下の図が「すみわけ」が見られる場合の分布図。Ｃは移行帯。

(Realized distribution)」と呼んでいる（森、1997）。移行帯には2種が生息するが、この幅は2種の関係や環境条件などによって狭かったり、広かったりする。

　以上のことから、八杉他（1996）の定義にしたがえば他種がいる場合には生息場所を分け合っているが、各種が単独でいる場合には同じところにもすみうるとされており、生息域を異にすることだけから「すみわけ」とは断定できないことになってしまう。すなわち、他種が存在しない場合にも、他種の存在していた地域に生息域を拡大することができなければ、その2種は「すみわけ」をしているのではなく、ヒミズの「生息場所選択」の結果、ヒミズが土壌地帯に、ヒメヒミズが溶岩流地帯に生息していることになる。

　では、ヒメヒミズとヒミズの「すみわけ」を説明しようとするならば、どうしたらよいのであろうか。森（1997）によれば、記号放逐法などで2種の存在を確認した後で、除去実験を行うか、あるいは除去した後で移植する実験を実施し、その後の変化を追跡することが必要であると考えられる。すなわち、ヒメヒミズかヒミズかのどちらか一方の種を除去することにより、残された種が他種の生息域に生息域を拡大するか、あるいは他種のいなくなった後で、残された種が増加することが確認されることが重要になるが、今のところ報告されていない。なお、

除去実験や移植実験は野生生物の保護管理の上からも、また生態学的にも実施が極めて難しい。

それでは、除去実験や移植実験を実施しなくても、「すみわけ」を証明するにはどうしたらよいのだろうか。A種とB種が生息する地域で、B種がいなかった地域、あるいは少なかった地域において、A種が減少するのに伴ってB種がみられるようになったり、あるいはB種の増加が確認されれば、A種の生息域にB種が侵入し、生息域を拡大したことになり、2種は種間関係で「すみわけ」ていると考えてもよいのではないだろうか。

とりつくしてはいないが、木村他(1981)の実施した調査は、捕殺ワナを使用していることから、除去(実験)による調査と考えられるので、18年を経過した平成10年(1998)に磐梯山北斜面の裏磐梯側の小哺乳類の生息状況を調査してみることにした。裏磐梯泥流にのって下降していたヒメヒミズの分布はどうなったのだろうか。以前の結果と比較してみることにしよう。平成10年の調査地を図17に、その捕獲結果を表9に示した。また、ヒメヒミズとヒミズの捕獲結果だけを抜き出して、木村他(1981)と比較したのが表10で、その結果を図示したのが図18である。

図17に示したように、平成10年の調査で設定した調査地点は24地点であり、ヒメヒミズの捕獲された地点は3

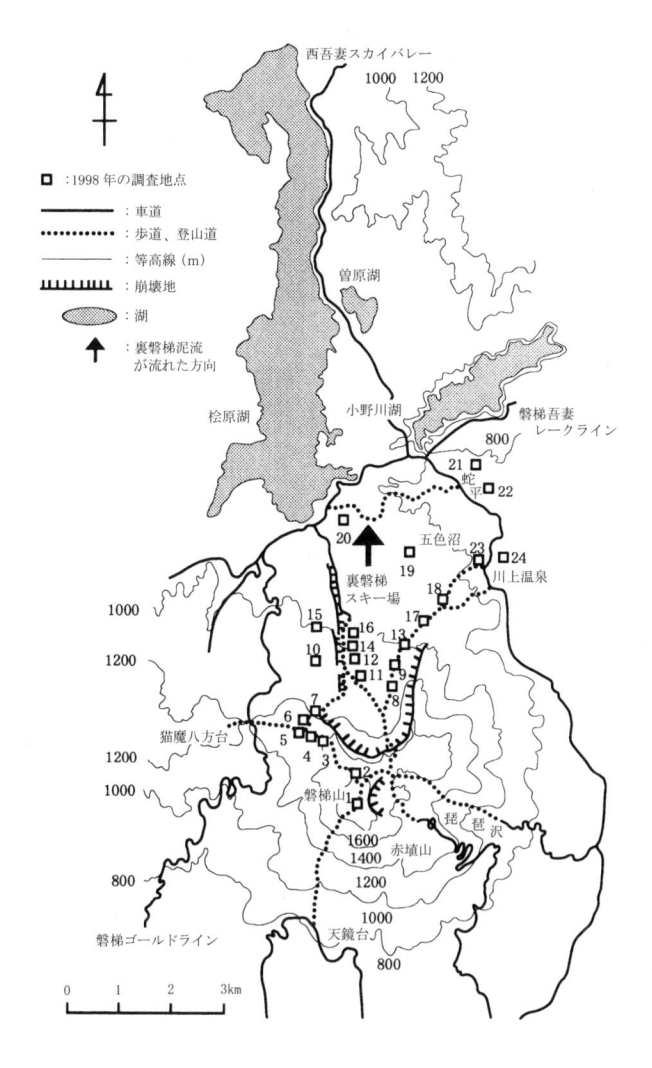

図17 調査地および調査地点（1998年）

地点（4個体）、ヒミズの捕獲された地点は14地点（33個体）であった（表9）。川上温泉ルートではヒミズが標高750～1,100mで捕獲されているが、ヒメヒミズは捕獲されなかった（図18）。裏磐梯スキー場ルート（裏磐梯泥流地帯を含む）では、ヒミズが標高760～1,350mで捕獲され、ヒメヒミズは1,350～1,800mで捕獲された（図18）。このうち標高1,350mでヒメヒミズとヒミズの2種が捕獲された。

以前の調査では、裏磐梯側では標高1,000mより高い標高ではヒミズは見られなかったが、今回の調査では、ヒミズが標高1,350mまで生息地域を上部へ移動させていた。一方、ヒメヒミズは以前の調査では標高830mまで生息域を下降させていたが、今回の調査では、標高1,350mより低い標高では捕獲されなかった。

ヒメヒミズとヒミズの2種の生息が見られた地域、これが森下（1961）のいう混在地帯、あるいは森（1997）のいう「すみわけ」の移行帯とすれば、標高830～1,000mにあった「すみわけ」の移行帯の幅が狭くなり、2種の分布境界が標高1,350m付近まで上部へ移動したことになる。

ヒミズの生息していた地域にヒメヒミズが侵入できたのか、逆にヒメヒミズの生息域にヒミズが侵入できたのかを、もう少し詳しく見てみよう。

表9 1998年の磐梯山の捕獲結果（木村他，2001から）

S：トガリネズミ　D：ヒメヒミズ　U：ヒミズ
E：ヤチネズミ　　M：ハタネズミ　A：アカネズミ
G：ヒメネズミ

調査地点番号	標高(m)	捕 獲 個 体 数							ワナ数
		S	D	U	E	M	A	G	合計	
1	1800	0	1	0	9	0	0	1	11	150
2	1600	0	0	0	1	1	0	7	9	150
3	1400	0	2	0	2	0	5	3	12	300
4	1350	0	1	2	2	0	6	1	12	300
5	1300	0	0	0	1	0	1	3	5	300
6	1250	0	0	0	0	0	1	5	6	150
7	1200	0	0	1	1	0	3	1	6	150
8	1120	0	0	0	0	0	0	1	1	150
9	1100	0	0	2	0	0	0	0	2	150
10	1100	0	0	1	2	0	1	3	7	150
11	1100	1	0	0	1	0	0	3	5	150
12	1050	0	0	3	1	0	1	6	11	150
13	1000	0	0	3	1	0	2	5	11	150
14	1000	0	0	2	0	0	1	9	12	150
15	1000	0	0	0	2	0	0	3	5	150
16	950	1	0	0	0	0	4	3	8	150
17	950	0	0	2	0	0	2	14	18	150
18	900	0	0	3	1	0	2	5	11	150
19	840	0	0	2	1	0	1	0	4	150
20	830	0	0	2	0	0	0	6	8	150
21	770	0	0	4	0	0	0	4	8	150
22	760	0	0	0	0	0	1	0	1	150
23	750	0	0	3	0	0	1	4	8	150
24	750	0	0	3	0	0	2	1	6	150
合計		2	4	33	25	1	34	88	187	4050

ヒメヒミズの生息域の下限は以前は標高830ｍであったが、今回は上部へ移動して標高1,350ｍになっていた。一方、ヒミズの捕獲地点の上限は以前は標高1,000ｍであったが、今回は上部へ移動して標高1,350ｍになっていたことから、以前ヒメヒミズが生息していた地域にヒミズの生息域が拡大したと考えられる。しかし一方で、以前ヒミズが捕獲された地域で今回ヒメヒミズが捕獲されることはなかったが、以前ヒメヒミズが捕獲された地域で今回ヒミズが捕獲されていることから、ヒミズの生息できる地域に以前はヒメヒミズも生息していたと考えることも可能である。このように考えると、お互いに他種の生息域に自分の生息域を拡大することが可能だと判断される。このことから、ヒメヒミズとヒミズは「すみわけ」（八杉他、1996）を成立させていると考えてもよいであろう。

　ところで、前回の除去法による捕獲調査（木村他、1981）は、２種のうちの片方を選択的に捕獲して除去する調査ではなかった。しかし、２種の移行帯（標高830〜1,000ｍ）、あるいは移行帯より高い標高の地域から、ヒメヒミズを除去してしまったとも考えられ、その影響でヒミズが増加して今回のように標高1,350ｍ付近まで生息域を拡大したとも考えられる。一方、ヒメヒミズと同時にヒミズも除去してしまっていることになるので、ヒメヒミズが

表10 ヒメヒミズとヒミズの捕獲結果（木村他、2001から）

D：ヒメヒミズ　U：ヒミズ

調査地点番号	標高(m)	1998年の結果 捕獲個体数			ワナ数	1979～80年の結果 捕獲個体数			ワナ数
		D	U	合計		D	U	合計	
1	1800	1	0	1	150	3	0	3	270
2	1600	0	0	0	150	1	0	1	100
3	1400	2	0	2	300	0	0	0	100
4	1350	1	2	3	300				
5	1300	0	0	0	300				
6	1250	0	0	0	150				
7	1200	0	1	1	150	5	0	5	150
8	1120	0	0	0	150	0	0	0	150
9	1100	0	2	2	150	0	0	0	150
10	1100	0	1	1	150				
11	1100	0	0	0	150				
12	1050	0	3	3	150				
13	1000	0	3	3	150	0	0	0	300
14	1000	0	2	2	150	47	1	48	2132
15	1000	0	0	0	150				
16	950	0	0	0	150	0	0	0	114
17	950	0	2	2	150	0	2	2	150
18	900	0	3	3	150	0	1	1	150
19	840	0	2	2	150				
20	830	0	2	2	150	1	2	3	300
21	770	0	4	4	150				
22	760	0	0	0	150				
23	750	0	3	3	150	0	1	1	150
24	750	0	3	3	150				
合計		4	33	37	4050				
同一地点の合計		3	18	21	2100	57	7	64	4216

増加したり、ヒメヒミズの生息域が下方に拡大したことも予想される。

　一般に、捕獲される個体数が多いということは、その地域に生息している個体数も多いと考えられるので、前回の調査時には標高1,000～1,800mにはヒミズよりヒメヒミズの生息個体数の方が多かったといえるであろう。しかし、ヒメヒミズの生息域が下方に拡大せずに上方に縮小し、逆にヒミズの生息域が上方に拡大しているという結果が得られたことは、捕殺して除去した影響と考えるよりは、18年を経過して何らかの環境条件の変化があり、その変化がヒミズの生息に有利に働いたと考える方が妥当であろう。そして、ヒミズに有利に変化した環境条件として考えられるものに、裏磐梯泥流の流れた地域の土壌条件がある（木村他、1981；1982）。

　野呂（2000）はこれらの生息場所について、2種は土壌環境によって生息場所を分割する傾向にあり、ヒメヒミズは岩礫が多く土壌の薄い場所、ヒミズは落葉や土壌が厚く堆積した場所で捕獲されることが多いと述べている。また、土壌環境を変えた実験では、ヒミズは土壌を厚く敷いたケージに集中し、ヒメヒミズはヒミズの集中しているケージ以外に集中することから、2種の分布に土壌条件が大きく影響していることを確認している。

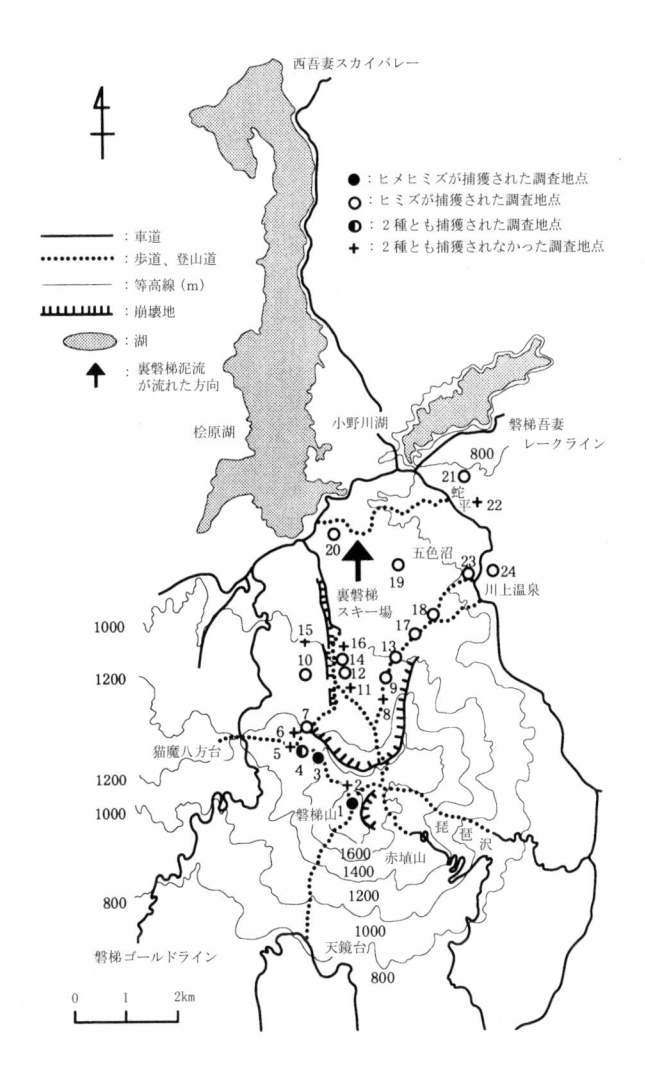

図18 ヒメヒミズとヒミズの捕獲地点（1998年）

ここで、磐梯山北斜面地域の移行帯と考えられる標高830～1,000mの地域の土壌条件が、18年の間に植物遺体の堆積などにより、さらにヒミズの生息にとって好転し、また、ヒメヒミズだけが捕獲されていた移行帯から上部の標高1,350m付近までの土壌条件も、ヒミズの生息にとって好転したと仮定すれば、ヒミズがヒメヒミズの生息していた地域に生息域を拡大したと考えられる。したがって、当地域では、ヒメヒミズとヒミズの2種の種間関係から「すみわけ」が成立していたと推察される。

　それでは、18年間で磐梯山北斜面地域の土壌条件がほとんど変化しなかったと仮定すると、どのような説明が可能になるであろうか。まず、今泉（1971）は局所的な環境条件の違いがあれば、ヒミズの分布域の一部にヒメヒミズが生き残ることも可能であることを指摘しており、それによれば、泥流地域にヒミズとヒメヒミズそれぞれに適した生息場所が局所的に存在していたと考えられる。最初はヒメヒミズとヒミズの2種が生息していたが、体が小さく弱種であるヒメヒミズを体が大きく強種であるヒミズ（今泉他、1969）が圧迫し続けたと考えられることや、ヒメヒミズが弧島状に分布していたと考えられることから、個体群を維持する上ではこのような環境はヒメヒミズに不利に働き、ヒメヒミズの生息が徐々に不安定になり、生息域が減少していったと考えられる。

以上のことから、裏磐梯地域のヒメヒミズとヒミズに関しては、土壌条件などによって2種の種間関係で「すみわけ」が成立していることが推察された。また、裏磐梯地域の18年間のヒメヒミズとヒミズの分布の変遷については、土壌条件が変化したことによってヒミズの分布が標高1,350m付近まで上部へ移動したとしても説明が可能であり、また、ヒメヒミズの孤立個体群が周囲のヒミズの個体群圧に影響を受けて次第に消滅していったとする説明でも可能である。

　今後ヒメヒミズとヒミズの種間関係をさらに明らかにするためには、個体群への影響をできるだけ小さくする生捕法によって、個体群の変化を追跡することが最良の方法と考えられる。表磐梯側の分布も確認したいところではあるが、表磐梯の以前の捕獲調査地点は、環境改変により昔の面影すら残っていないところが多くなり、また、磐梯山の火山活動などが発生して、調査を実施すること自体が困難になりつつあるのが現状である。さらに、平成15年4月から改正された鳥獣保護法により、モグラ類・ネズミ類を捕獲する場合でも各都道府県に捕獲許可を申請することになった。各地方自治体で野生生物保護条例などが制定されつつあり、大変好ましいことである。しかし、動物の生態調査を実施する側としては少々複雑な思いがする。

3．指標生物としての小哺乳類
　　（モグラ類・ネズミ類）

　指標種（indicator species）とは、環境条件に対してごく狭い幅の要求をもつ生物種（狭適応種）であり、環境条件をよく示しうる種（八杉他、1996）である。そしてその種に属する生物を指標生物（指標動物、指標植物）といっている。植物は固着生活をするので、動物よりも環境の指標になりやすいと考えられている。また動物の場合でも、環境に対する選択が明確であれば、指標動物として利用することが可能である。河川環境の指標動物としては水生昆虫などが知られており、土壌環境の指標動物としては土壌動物がよく用いられる。

　植物が固着生活をするのに対して、動物は移動生活をする。動物がふつうに動き回る地域を行動圏（個体が採食、生殖、育仔を目的とする正常活動として習慣的に動きまわる地域）という（田中、1969）が、ネズミ類（ネズミ科）やモグラ類（モグラ目）も、行動圏が10〜100ｍくらいであるので、環境の選択が明確であり、指標動物として使えそうである。

　宮尾（1977）は、ドブネズミは山の汚染を表す「汚染

指数」として利用できると述べており、森林破壊の指標として小動物が利用できるとも述べている。いったいこれはどういうことであろうか。

　宮尾は、森林の破壊は森林（原始的自然）→サバンナ→草原→砂漠と変化していくと考え、森林の破壊の程度を知る目安として次のようないくつかの指数を考えた。最初は森林のサバンナ化を示すアカネズミ指数、次に草原化を示すハタネズミ指数、最後に環境の汚染状態を示すドブネズミ指数である（表11）。これらの指数はいったいどのようにして算出されるのであろうか。もう少し詳しく見てみることにしよう。

　宮尾は、各地で実施した小哺乳類の捕獲調査において、低山帯の疎らな森林（伐採されたり風倒木が多く見られる地域）に多く生息するとされているアカネズミの捕獲個体数の占める割合と、低山帯から高山帯までのよく繁った森林に多く生息するとされているヒメネズミの捕獲個体数の占める割合から、その調査地点の森林の状態がよい状態かどうかがわかると述べている。

　そこで宮尾らは、「アカネズミの個体数」を「アカネズミ＋ヒメネズミの個体数」で割って、100をかけて算出された値（％）をアカネズミ指数と呼んだ。この指数が大きい（100に近い）ほど、森林が開発・破壊されていることを示すことになる。

表11 森林破壊の指数（木村、1992から）

① アカネズミ指数（サバンナ化、疎林化）

$$\frac{アカネズミの個体数}{（アカネズミ＋ヒメネズミ）の個体数} \times 100$$

② ハタネズミ指数（草原化）

$$\frac{ハタネズミの個体数}{森林性の種^*の合計個体数} \times 100$$

③ ドブネズミ指数

$$\frac{ドブネズミの個体数}{小哺乳類の総個体数} \times 100$$

＊トガリネズミ、ヒメヒミズ、ヒメネズミ、ヤチネズミ

表12 環境変化と小哺乳類（木村、1992から）

自然度が高い地域		自然度が低い地域	
自然が残っている		自然が改変されている	
繁った森林 →	伐採 →	草地 → (耕作地)	人家周辺
森林	サバンナ化	草原化	環境汚染
トガリネズミ	→ジネズミ		
ヒメヒミズ	→ヒミズ		
ヒメネズミ	→アカネズミ	→ハタネズミ	→ドブネズミ
ヤチネズミ			

　一方、ハタネズミは草原や牧草地などの耕作地周辺に生息していることが多く、森林の草原化を示す指標として有効であろうと考えられた（宮尾、1977）。すなわち、森林にすむヒメネズミ、ヤチネズミ、ヒメヒミズ、トガリネズミなどの捕獲個体数と、草原や牧草地などにすむハタネズミの捕獲個体数を比較すれば、森林の草原化の程度がわかることになる。そこで、「ハタネズミの個体数」

を「森林性の種の合計個体数」で割って、100をかけて算出された値（％）をハタネズミ指数と呼ぶ。この指数が大きい（100に近い）ほど、森林が伐採されて草原化していることになる。

　ドブネズミは人の残飯類などを餌にしている。ドブネズミが多ければ多いほど、人が環境を汚染する残飯類を出していることになる。これは森林が市街化している程度を表していると考えてもよく、ドブネズミ指数は小哺乳類のなかでドブネズミの占める割合から求められる。すなわち、「ドブネズミの個体数」を「小哺乳類の総個体数」で割って、100をかけて算出された値（％）がドブネズミ指数である。この指数が大きい（100に近い）ほど、汚染化されて市街化していることになる。

　環境の変化とそれに伴って小哺乳類の出現が変化する様子をまとめたのが表12である。表12の左側の自然度の高い地域に見られる小哺乳類（例えばヒメヒミズやヒメネズミなど）が多ければ多いほど、自然が残っていることを示していると考えられる。一方、右側の自然度の低い地域に見られる小哺乳類（例えばヒミズやハタネズミなど）が多ければ多いほど、自然が改変されていることを示していると考えられる。

　また、環境の違いによる小哺乳類の分布を模式的に示すと図19のようになると考えられる（木村、1992）。

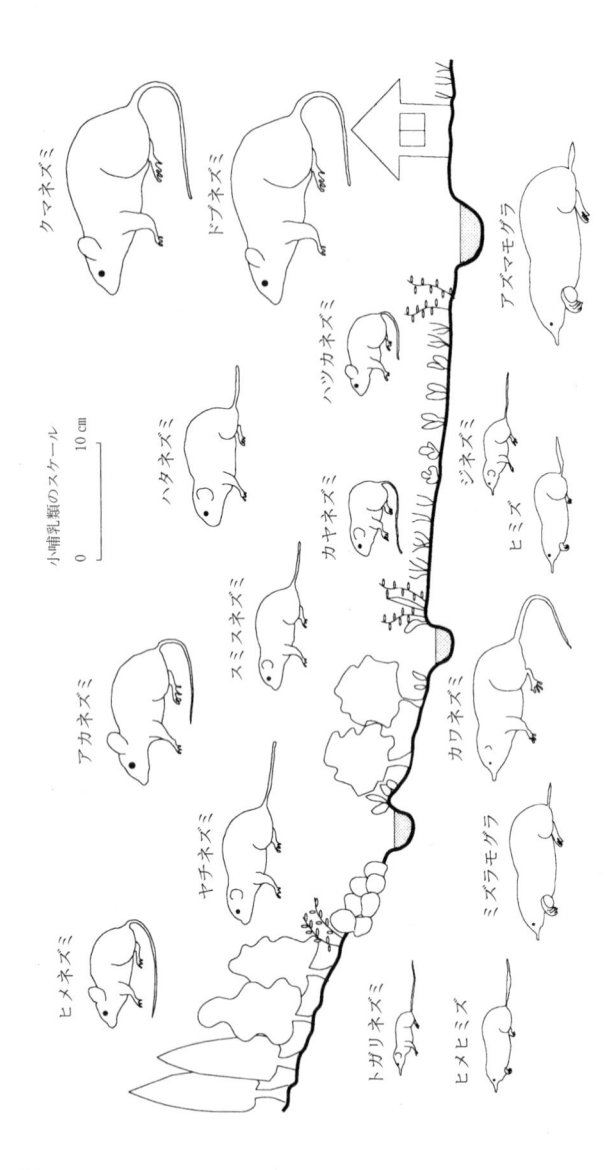

図19 モグラ類・ネズミ類の分布（木村，1992を変更）

4. 標識再捕法（記号放逐法）

　富士山青木ヶ原で今泉・今泉（1972）が実施したのが標識再捕法（mark-recapture method）で、記号放逐法ともいう。ライブトラップを格子状に配置し、捕獲されたワナの位置を結ぶことにより個体の行動圏の広がりや大きさがわかることになる。私たちが実施した裏磐梯スキー場のヒメヒミズとヒミズの調査においても、ライブトラップを使用して標識再捕法を実施している。

　標識再捕法とは、生きたまま捕獲した動物に個体識別用の標識（個体番号や記号など）を付けて捕獲したもとの場所に放し、一定の時間が経過してから再度同じ方法で捕獲する方法である。これを繰り返すことでいろいろなことを知ることができる。前述したように、個体の行動圏に加えて、成長の度合いや寿命などを知ることもできる。さらに、二度目以降の捕獲では、標識の付いた個体と標識の付いていない個体の捕獲割合から、調査地に生息している個体数を知ることもできる。

　野外調査では、調査地への加入（移入や出生）や消失（移出や死亡）のない閉鎖個体群であることが望ましいが、その他の条件も含めてなかなか条件設定が難しい。

高等学校の生物の教科書には、動物の個体数を推定する方法として、実験室でできる碁石を使用した標識再捕法のモデル実験が紹介されている（東京書籍、1988）。同様に実験室で実施できる模擬実験の方法を紹介した報告（木村、1987a；1987b；1988a；1988b；1988c）や、中学校の理科の模擬実験として紹介した報告もある（木村他、1991）。また、パソコンが標識再捕法（除去法）の実験をして、個体数を推定するプログラムを作成して紹介した（木村、1993；1994）。

　動物に標識を付けるにはいろいろな方法が知られており、グループマーキング法や個体マーキング法がある（伊藤・村井、1977）。本書では、モグラ類やネズミ類で使用される「指切り法」に関して詳しく見てみよう。

　図20に示してあるように、ネズミ類の前肢は一の位の1～9番までを示すが、前肢の第1趾は使用しないので、右前肢の第2趾を欠いたものが個体番号1番となる。

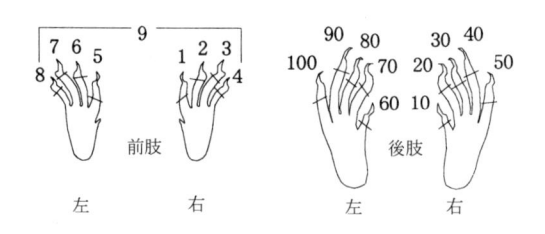

図20　個体識別法（指切り法）

順に第3趾が2番、第4趾が3番、第5趾が4番となる。5番は左前肢の第2趾を欠いたものになり、順に6、7、8番となるが、9番は左右の第5趾を両方欠いたものとなる。また、後肢は十の位の10〜90番までを示すが、左後肢の第5趾が100番となる。ただし、199番は左後肢の第4趾と第5趾、左右前肢の第5趾の合わせて4本を切断することになるので、100番以降は、ネズミ類の耳介にくさび形の切れ目を入れて標識に使用することがある（耳切り法）。なお、一般には耳介に3個の切れ目を入れる方法が紹介されているが、野外調査では3個の切れ目を区別することは困難であった。しかし、切れ目が2個であっても、左右のそれぞれの切れ目を組み合わせれば、数百番の個体識別も可能になる（図21）。

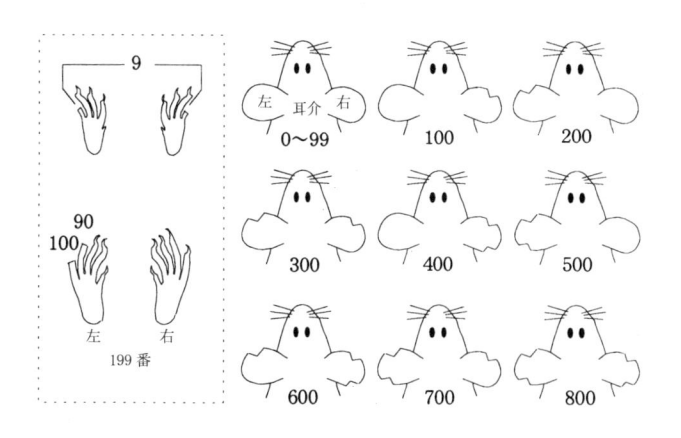

図21　個体識別法（耳切り法）

右の表13は、ある調査区で実施した、標識再捕法の結果を示したものである。この調査区において、1回目の調査でM個体を捕獲し、このM個体に標識を付けて生きたまままとの捕獲場所に放した。一定の時間が経過してから、再度同じ方法で2回目の捕獲を実施したところ、今度はa個体を捕獲できた。この2回目のa個体には、1回目で捕獲されて標識を付けられた個体(標識個体)がb個体含まれていた。すると、この調査区に生息している個体数Nは、次の①式から推定される。

$$N : M = a : b \quad ①$$

表13 捕獲結果

個体番号	捕獲回 1	2	3
01	○	○	○
02	○	×	×
03	○	×	×
04	○	○	×
05	○	×	×
06	○	×	○
07	○	×	×
08	○	○	○
09	○	×	×
10	○	×	×
11	○	○	×
12	○	×	×
13	○	×	○
14	○	×	×
15	○	○	○
16	○	×	×
17	○	×	×
18	○	○	×
19	○	×	×
20	○	×	×
21	○	○	×
22		○	×
23		○	○
24		○	×
25		○	○
26		○	×
27		○	○
28		○	○
29		○	○
30		○	×
31		○	○
32		○	○
33		○	○
34		○	×
35			○
36			○
37			○
38			○
39			○
40			○
41			○
合計	21	20	18

○:捕獲された個体
×:捕獲されなかった個体

さて、表13の結果を使用して、この調査区に生息する個体数を推定してみることにしよう。①式は、連続する2回の捕獲結果を使用するので、まず、1～2回目に関して見てみよう。今、1回目に21個体（個体番号01～21番まで）が捕獲され、2回目に20個体（個体番号01、04、08、11、15、18、21～34番まで）が捕獲されたことから、M は21で a は20となる。そして、この20個体のなかの7個体（01～21）が、1回目に標識を付けて放した標識個体なので、b は7となる。すると、生息個体数は、①式から $N:21=20:7$ となり、$N=60$（個体）と推定される。これが標識再捕法による最も簡単な推定法（Petersen法）であり、連続する2回の捕獲結果だけを使用する。なお、1～5回の捕獲履歴を使用する方法もあるが、ここでは触れない。

　動物に苦痛を与える点ではいろいろと問題があるが、指切り法を実施された個体が数日間連続して捕獲されたり、年を越して捕獲されることも多く、標識が個体の行動にそれほど大きな影響を与えていなかったと考えられる。鳥類に用いられるような足輪を使用することもできず、毛皮に番号を書いたり焼き印を押すこともできないので、いままでは小哺乳類（ネズミ類、モグラ類）の個体識別法として「指切り法」が有効であったが、他の方法が開発されるのを期待している。

5. 除去法

　標識再捕法での最も簡単な推定法である Petersen 法を紹介したが、簡単な比例計算なので期待はずれでがっかりされた方もいるかもしれない。しかし、条件の設定などで、野外において実施することは極めて困難である。

　個体数推定の方法として除去法（久野、1986）もあるので、これに関しても少しお話ししておこう。なお、除去法の内容は比例計算ができればよいので、中学校の数学がわかれば理解できるものと考えられるが、数式が出てきただけで拒否反応を起こされる方は、この除去法の項は読み飛ばしていただいて結構である。

　調査区に生息する動物を捕獲して除去すれば、最後にはとりつくすことになり、その調査区に生息していた個体数がわかる。しかし、特殊な状況以外では、野外で動物をとりつくすことはない。

　捕獲確率がほぼ一定ならば、調査区から捕獲される個体数は生息個体数が多い場合でも少ない場合でも、生息個体数に比例して決定される。したがって、1回目に捕獲された個体数と徐々に減少する2回目以降の捕獲数から、その調査区に生息していた個体数を推定できる。

すなわち、100個体生息しているところで、生息数に比例して（例えば1/2の確率で）動物が捕獲されるとすれば、1回目には50個体が捕獲されることが期待される。この50個体はもとの100個体から除去されるので、残った個体数は50個体（100－50）となり、2回目も同じ方法で捕獲すると、今度は25個体(残った50個体の1/2)が捕獲されることが期待される。

このように、除去法とはある調査区に生息する個体群から1回目としてその一部を捕獲して除去し、その後2回目以降も同一の方法で捕獲後除去すると、生息個体数に比例して捕獲個体数が減少

表14　除去法

個体番号	捕獲回 1	2	3
01	〇	●	●
02	〇	×	×
03	〇	×	×
04	〇	●	×
05	〇	×	×
06	〇	×	●
07	〇	×	×
08	〇	●	●
09	〇	×	×
10	〇	×	×
11	〇	●	×
12	〇	×	×
13	〇	×	●
14	〇	×	×
15	〇	●	●
16	〇	×	×
17	〇	×	×
18	〇	●	×
19	〇	×	×
20	〇	×	×
21	〇	×	×
22		〇	×
23		〇	●
24		〇	×
25		〇	×
26		〇	×
27		〇	●
28		〇	×
29		〇	●
30		〇	×
31		〇	●
32		〇	×
33		〇	●
34		〇	×
35			〇
36			〇
37			〇
38			〇
39			〇
40			〇
41			〇
合計	21	20	18

●：既に捕獲されて除去された個体

していくことから、生息個体数を推定しようとするものである。

なお、表13の標識再捕法の捕獲結果において、一度捕獲されてしまえば除去されたことと同じであることから、2回目以降に捕獲された個体のなかで標識の付いている個体を捕獲数に数えなければ、すなわち除去した個体（●印）とみなせば、〇印だけが初めて捕獲された個体となる（表14）。また、捕獲確率がほぼ一定と考えられるので除去法とも考えられることから、表14を使用して除去法による個体数の推定をしてみることにする。

調査区に生息する最初の個体数をNとし、C_nをn回目の捕獲個体数（n回目に初めて捕獲されて除去される個体数）とする。1回目にNからC_1が捕獲された場合、2回目に$(N-C_1)$からC_2が捕獲された場合、同様に3回目に$\{N-(C_1+C_2)\}$からC_3が捕獲された場合のそれぞれの捕獲確率(p)がほぼ同じであると仮定すると、理論的には次の②式が成立することになる。

$$p = \frac{C_1}{N} = \frac{C_2}{N-C_1} = \frac{C_3}{N-(C_1+C_2)} = \cdots$$

$$\cdots = \frac{C_n}{N-S_{(n-1)}} \quad ②$$

②式の C_n は n 回目に初めて捕獲された個体数を表している。また、$S_{(n-1)}$ は（n−1）回目までに捕獲されて除去された個体数の総数（累積個体数）である。

なお、捕獲回（n）と捕獲個体数（C_n）と累積個体数（$S_{(n-1)}$）の関係をまとめると、表15のようになる。そして、$S_{(n-1)}$ を横軸に、C_n を縦軸にして、それぞれの n に対応する点 $(S_0, C_1)(S_1, C_2)(S_2, C_3)\cdots(S_{(n-1)}, C_n)$ をグラフに示すと、各点は原則的には右下がりの直線にのることになる（図22）。この直線が横軸を横切る点が生息個体数 N の推定値となる。

表15 捕獲数（C_n）と累積個体数（$S_{(n-1)}$）

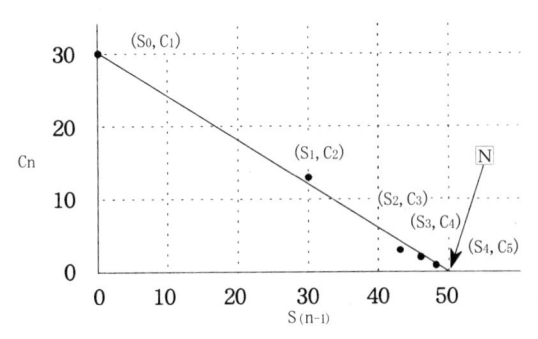

n	1	2	3	4	5
C_n	C_1	C_2	C_3	C_4	C_5
$S_{(n-1)}$	S_0	S_1	S_2	S_3	S_4

図22 除去法による推定

それでは、表14をもう一度見ていただくことにしよう。捕獲個体数（C_n）に関しては、1回目の捕獲数（C_1）は21個体、2回目の捕獲数（C_2）は13個体および3回目の捕獲数（C_3）は7個体である。累積個体数（$S_{(n-1)}$）に関しては、1回目は前回までの捕獲がないのでS_0はゼロである。2回目のS_1は前回までの捕獲数がC_1であるから21となる。3回目のS_2は前回までの捕獲数が（C_1+C_2）であるから34となる。この（0, 21）、（21, 13）および（34, 7）をグラフにプロットして点と線のずれがなるべく小さくなるように目測で引いた直線が、横軸を横切るところが生息個体数の推定値となる。正確には最小自乗法で回帰直線を引き、横軸を横切る点を求めることになるが、目測でも大きな違いはないであろう。

　なお、②式の1回目と2回目から$21(N-21)=13(N)$となり、$(21-13)N=21\times21$からNを計算で求めることができる。同様に連続する2回の結果から簡単な計算でもNを求めることができる。

　ここで、同様の方法により表13（あるいは表14）の4回目の捕獲調査を実施したとすると、捕獲個体数（M）と4回目に初めて捕獲される個体数（C_4）はどうなるのだろうか。今までの標識再捕法と除去法を参考にして、暇なときにでも挑戦していただくことにしよう。

第三部

尾瀬の小哺乳類

1．尾瀬保護指導委員会

　昭和45年（1970）3月に発行された『尾瀬の保護と復元』の第Ⅰ号の巻頭は、三本杉國雄福島県教育委員会教育長の「福島県、群馬県、新潟県の3県にまたがる尾瀬は、わが国における代表的な湿原として、学術上きわめて高い価値を有するばかりでなく、その優美な自然環境は、自然の一大宝庫というにふさわしい天然保護区であります。最近、尾瀬を訪れる人が急激に増加したのに伴って、湿原植物が急速に荒廃し、このままの状態が続くならば尾瀬の自然が大きく変わる恐れさえでてきました」から始まっている。

　尾瀬が文化財保護法で天然記念物に指定されたのが昭和31年（1956）であり、特別天然記念物に指定されたのが昭和35年（1960）である。その後、過剰利用などによる湿原の荒廃が目立つようになり、保護管理事業が実施されることになった。事業の内容は、①入山者の指導、②湿原の回復作業、③帰化植物の除去、④保存施設の設置などである。そのために設置されたのが「尾瀬保護指導委員会」で、いろいろな活動を開始した。本書では「小さな哺乳類」との関わりについて見てみよう。

2. 小哺乳類調査

 『尾瀬ヶ原』(尾瀬ヶ原総合学術調査団、1954)によれば、徳田が昭和27年(1952) 8月19～21日に実施した小哺乳類の調査で、尾瀬ヶ原周辺に生息することが確認できたものは、ヒメヒミズ(標高1,300mまで生息)、ヒメネズミ、アカネズミの3種であった。山小屋からの情報として、カモシカ、キツネ、アナグマ、テン、イタチ、オコジョ、ムササビ、モモンガ、リス、ヤマネ、ノウサギなどの中型・大型哺乳類の名が挙げられている(徳田、1954)。なお、シカとイノシシは明治14年(1881)の大雪後姿を見せず、サルは見かけないとし、またヤマイヌ(オオカミ)は明治初年までは集団で行動するのを見かけたが、現在はいないとしている。その後の「尾瀬沼長蔵小屋附近の小哺乳類」(今泉他、1964)では、ホンシュウトガリネズミ、ヒメヒミズ、ヒミズ、シナノミズラモグラ、コモグラ、ヒメネズミ、アカネズミ、カゲネズミ、ニイガタヤチネズミ、ハタネズミおよびヤマネの生息を報告している。これらのなかで、ホンシュウトガリネズミ、ヒミズ、カゲネズミ、ニイガタヤチネズミ、ハタネズミ、ヤマネが尾瀬での初記録となっている。

尾瀬保護指導委員会としては、蜂谷・星（1971）が尾瀬の小哺乳類調査を昭和45年（1970）に実施し、『尾瀬の保護と復元』第Ⅱ号（1971）にその時の調査結果を報告している。ただし、このときはトラップ数も10個程度の予備調査的なもので、ヒメネズミとアカネズミが捕獲されただけであった。尾瀬は特別天然記念物である関係から、文化財を扱う福島県教育委員会が尾瀬保護指導委員会を管轄しており、『尾瀬の保護と復元』第Ⅱ号表紙にも、「福島県文化財調査報告書第27集」とある。

　昭和47年（1972）の尾瀬保護指導委員会の調査から、私もお手伝いをさせていただくことになった。昭和49年（1974）までは、尾瀬沼畔の尾瀬沼ヒュッテ周辺のアオモリトドマツ林（標高1,670〜1,700ｍ）、浅湖平付近のトウヒ林（標高1,700ｍ）、温泉小屋周辺（標高1,700ｍ）、それに尾瀬沼ヒュッテゴミ捨て場周辺（標高1,670ｍ）で調査を実施した。スナップトラップでは今までと同様にトガリネズミ、ヒメヒミズ、ヒミズ、ハタネズミ、アカネズミ、ヒメネズミの生息を確認した（蜂谷・星、1973；蜂谷他、1974）。温泉小屋ではドブネズミが捕獲されたが、まだ尾瀬沼周辺では見られなかった。第二部でご紹介したように、ドブネズミは環境の汚染化を表すと考えられていることから、このままキャンプ場の生ゴミを放置すれば、ドブネズミが好む生息環境になることが考

えられた。そこでキャンプ場の管理者にゴミ捨て場のゴミ処理を適切にするようにお願いした。この不安は的中して、昭和50年（1975）10月の調査で、尾瀬沼畔のキャンプ場ゴミ捨て場において、ドブネズミが初めて確認された。ライブトラップ90個とスナップトラップ120個により、ヒメヒミズ（2個体）、ハタネズミ（1）、アカネズミ（5）、ヒメネズミ（1）およびドブネズミ（6）の合計15個体を捕獲した。そのうちドブネズミが最も多く（40％）、尾瀬沼周辺に定着する不安もでてきた（蜂谷他、1976）。

ドブネズミは、翌年（1976）の調査でも残飯類がたくさん出されるキャンプ場のゴミ捨て場で捕獲され、日中にドブネズミを観察することができた（蜂谷他、1977）。ゴミ捨て場のゴミ処理を適切にするためにゴミ処理施設が改装され、新施設が稼動していた昭和52年（1977）8月の調査では、ドブネズミが全く採集されなかった。まずは一安心であった（木村、1978）。

なお、昭和51年の調査では、尾瀬地域の調査を開始して以来初めてヤチネズミがスナップトラップで捕獲された（蜂谷他、1977）。今泉（1960）は、本州に生息するヤチネズミには2種いて、一方は本州中部および関東地方の高山や亜高山に生息している大型のニイガタヤチネズミ（*Aschizomys niigatae*）で、もう一方は東北地方に

生息しているニイガタヤチネズミよりも少し小型のトウホクヤチネズミ（*Aschizomys andersoni*）としている。属名はともにニイガタヤチネズミ属（*Aschizomys*）である。

ニイガタヤチネズミのタイプ標本の基産地は新潟県の赤倉で、トウホクヤチネズミの基産地は岩手県の繋である。また、今泉（1960）のトウホクヤチネズミの項には、福島県田村郡芦沢村（現船引町芦沢）および平市好間町（現いわき市好間町）にも生息していると示されている。今泉他（1964）は、外部形態や頭骨などから、尾瀬地域で捕獲したヤチネズミをニイガタヤチネズミとしている。

もしニイガタヤチネズミとトウホクヤチネズミの2種がいるとすれば、福島県の尾瀬地域がそれらの分布境界になる可能性も考えられる。昭和51年（1976）に長蔵小屋周辺の標高約1,700mのアオモリトドマツ林で捕獲されたヤチネズミは、外部計測値が小型であったことからトウホクヤチネズミと考えられたが、そのときは単にヤチネズミとして報告された（蜂谷他、1977）。なお、カゲネズミ（後述する）に関しては、ヤチネズミと同様に長蔵小屋周辺の標高約1,700mのアオモリトドマツ林で、昭和52年（1977）に1頭捕獲された（木村、1978）。このヤチネズミとカゲネズミに関しては、後年再検討した。

ちょうどその頃に、北海道立衛生研究所の土屋公幸博士と香川大学の金子之史博士に本州産ヤチネズミ類のお

話しをいろいろ聞かせていただく機会があった。土屋先生には生きているヤチネズミをアルミのケージにリンゴとともに入れてお送りしたり、また、金子先生にはアルコール液浸の標本などをお送りしたこともあった。土屋先生とは山形県蔵王、福島県磐梯山、栃木県日光市などの捕獲調査を実施し、金子先生とは宮城県丸森町、福島県浪江町および和歌山県にある北大農学部附属演習林（古座川町平井）や岩手県にある岩大農学部附属演習林（雫石町御明神）で捕獲調査を実施した。土屋先生は染色体の核型分析の研究のためにライブトラップを用いた

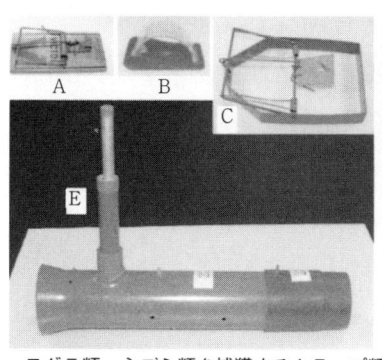

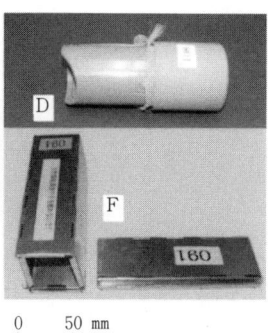

モグラ類・ネズミ類を捕獲するトラップ類
捕殺トラップ
　A．スナップトラップ（ビクター製）
　B．バンチュウートラップ
　C．スナップトラップ（朝日電着製、金子先生使用）
　D．モグラ名人
生捕トラップ
　E．小西式　モグラトラップ
　F．シャーマン型　ライブトラップ（アルミ製、土屋先生使用）
付餌　オートミール、サツマイモ、カボチャの種子、固形飼料など

生捕り調査を行い、金子先生は毛皮や頭骨の標本研究をなさることから、頭骨を壊さないようにした特注のスナップトラップを用いた捕殺調査を行った。お二人の採集スタイルは研究内容を反映させて、全く異なっていた。なお、お二人には『尾瀬の保護と復元』にも研究報告をお寄せいただいたこともある(金子、1984；土屋他、1986)。

　これらヤチネズミの2種の分類に関しては、形態、核型、繁殖などのいろいろな研究から、現在の結論(これからも変わる可能性があるが)では、2種は1つにまとめられてヤチネズミ(*Eothenomys andersoni*)とされ、属名はビロードネズミ属(*Eothenomys*)となっている(阿部他、1994)。ただし、前述したように基準が異なれば分類も異なるので、現在でもニイガタヤチネズミとトウホクヤチネズミに分けて考える立場もある。

　この期間、福島県教育委員会が湿原植生などの生態に関する調査並びに植生復元作業として取り組んできた特殊植物等保全事業は昭和49年度(1974)で終了した。尾瀬の動物・植物を保全することを目的とすることから、自然環境の保全行政を担当する福島県生活環境部が、昭和50年度(1975)よりこの事業を引き継ぐことになった。ようやく小哺乳類を調査する環境も整ってきた。

　さて、尾瀬沼キャンプ場周辺のドブネズミ問題も一応落着したことから、長年気になっていた東北最高峰の尾

瀬燧ヶ岳(標高2,346m)における小哺乳類のデータ収集のために、基礎的な分布調査を実施することになった。

昭和56年(1981)の小哺乳類の調査では、尾瀬沼ヒュッテから燧ヶ岳(俎嵓^{まないたぐら}、標高2,346m)を目指す長英新道(長英新道ルート)にスナップトラップを設置した。標高100mおきに標高1,700〜2,300mの間に7つの調査地点(①〜⑦)を設定し、尾瀬沼ヒュッテ周辺(標高1,670m)にも調査地点(⑧)を設定した(図23)。

長英新道ルートの捕獲結果は、表16に示すとおりで、モグラ類ではトガリネズミとヒメヒミズが捕獲された。ネズミ類ではヤチネズミ、アカネズミおよびヒメネズミが捕獲された(蜂谷・木村、1982)。

表16 長英新道ルートの捕獲結果 (1982年)
S:トガリネズミ　D:ヒメヒミズ　E:ヤチネズミ
A:アカネズミ　G:ヒメネズミ

調査地点番号	標高(m)	捕獲個体数						ワナ数
		S	D	E	A	G	合計	
①	2300	0	1	3	1	1	6	150
②	2200	0	1	4	0	2	7	150
③	2100	0	0	0	5	6	11	150
④	2000	2	2	2	0	0	6	150
⑤	1900	1	0	2	0	5	8	150
⑥	1800	0	0	0	0	7	7	150
⑦	1700	1	0	0	1	8	10	200
⑧	1670	0	0	0	5	7	12	200
合　計		4	4	11	12	36	67	1300

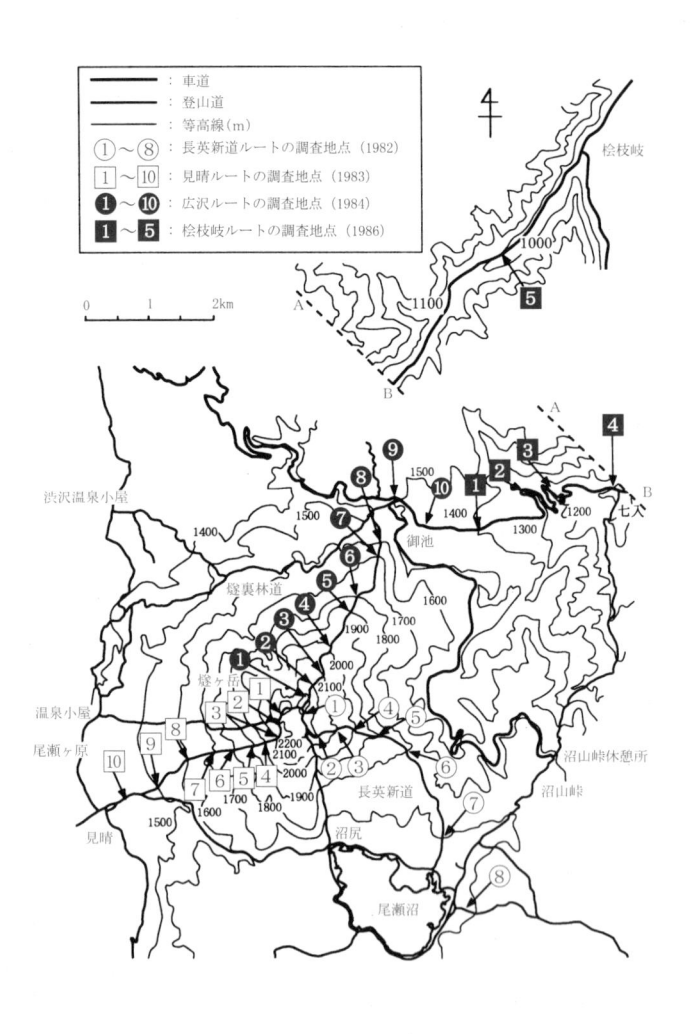

図23 調査地点 (1982, 1983, 1984, 1986)
(紙面の都合で、A－Bより右は上に示した)

110

昭和57年（1982）の小哺乳類の調査では、燧ヶ岳（柴安嵓、標高2,348m）から見晴の登山路（見晴ルート）の標高1,500～2,300mの間に標高100mおきに9つの調査地点（1～9）を、標高1,450mに1つの調査地点（10）を設定し（図23）、スナップトラップを設置した。

　見晴ルートの捕獲結果（1983年）は、表17に示すとおりで、モグラ類ではトガリネズミ、ヒメヒミズ（標高2,000m）が捕獲された。なお、長英新道ルートで捕獲されなかったヒミズ（標高1,450m）が捕獲された。ネズミ類ではヤチネズミ、アカネズミおよびヒメネズミが捕獲された（木村、1983）。

表17　見晴ルートの捕獲結果（1983年）
　　　S：トガリネズミ　D：ヒメヒミズ　U：ヒミズ
　　　E：ヤチネズミ　　A：アカネズミ　G：ヒメネズミ

調査地点番号	標高(m)	捕獲個体数							ワナ数
		S	D	U	E	A	G	合計	
1	2300	1	0	0	2	0	0	3	100
2	2200	0	0	0	1	0	0	1	100
3	2100	0	0	0	0	0	0	0	100
4	2000	0	1	0	0	0	1	2	100
5	1900	1	0	0	0	0	2	3	50
6	1800	0	0	0	0	0	1	1	50
7	1700	0	0	0	0	1	1	2	50
8	1600	0	0	0	1	1	1	3	50
9	1500	0	0	0	0	2	0	2	100
10	1450	0	0	2	0	1	7	10	100
合計		2	1	2	4	5	13	27	800

昭和58年（1983）の小哺乳類の調査では、御池から広沢田代・熊沢田代を経て燧ヶ岳（俎嵓）を目指す登山路（広沢ルート）沿いに、見晴ルートと同様に標高1,500～2,300mの間に標高100mおきに9つの調査地点（❶～❾）を、標高1,450mに1つの調査地点（❿）を設定し（図23）、スナップトラップを設置した。

　広沢ルートの捕獲結果（1984年）は、表18に示すとおりで、モグラ類のトガリネズミ、ヒメヒミズ（標高2,100m）およびヒミズ（標高1,450～1,500m）と、ネズミ類のヤチネズミ、アカネズミおよびヒメネズミが捕獲された（木村、1984b）。

表18　広沢ルートの捕獲結果（1984年）
　　　S：トガリネズミ　D：ヒメヒミズ　U：ヒミズ
　　　E：ヤチネズミ　　A：アカネズミ　G：ヒメネズミ

調査地点番号	標高(m)	捕獲個体数							ワナ数
		S	D	U	E	A	G	合計	
❶	2300	3	0	0	1	0	2	6	150
❷	2200	0	0	0	1	0	0	1	150
❸	2100	0	1	0	1	0	1	3	150
❹	2000	0	0	0	1	2	1	4	150
❺	1900	0	0	0	0	0	7	7	150
❻	1800	0	0	0	1	2	5	8	150
❼	1700	0	0	0	1	5	2	8	150
❽	1600	0	0	0	1	0	3	4	150
❾	1500	0	0	1	0	6	14	21	200
❿	1450	0	0	1	0	5	6	12	200
合計		3	1	2	7	20	41	74	1600

また、昭和60年（1985）には御池から桧枝岐村まで（桧枝岐ルート）の国道352号沿いの標高1,000〜1,400mの間に5つの調査地点（**1**〜**5**）を設定した（図23）。

　桧枝岐ルートの捕獲結果（1986年）は、表19に示すとおりで、モグラ類ではヒミズ（標高1,000〜1,400m）のみが確認されただけであった。ネズミ類ではヤチネズミ、アカネズミ、ヒメネズミおよびハタネズミが捕獲されたが、ハタネズミは昭和47年（1972）からの燧ヶ岳登山路沿いの捕獲調査では、初めて捕獲された（表19）。この桧枝岐ルートで捕獲されたヤチネズミのなかには、実は少々問題となる個体も存在したが、もう少しデータを蓄積した後で検討すればよいと判断して、この時点ではヤチネズミとして報告しておいた（蜂谷・木村、1986）。

表19　**桧枝岐ルートの捕獲結果**（1986年）
　　　U：ヒミズ　　　E：ヤチネズミ　M：ハタネズミ
　　　A：アカネズミ　G：ヒメネズミ

調査地点番号	標高(m)	捕獲個体数						ワナ数
		U	E	M	A	G	合計	
1	1400	3	0	5	14	7	29	100
2	1300	4	4	0	6	6	20	100
3	1200	2	5	0	9	12	28	100
4	1100	4	1	2	21	4	32	100
5	1000	1	1	0	15	2	19	100
合計		14	11	7	65	31	128	500

以上の結果から、ヒメヒミズとヒミズの2種の分布を見てみると、ヒメヒミズは標高2,000m以上に分布し、ヒミズは標高1,500m以下に分布していた。この燧ヶ岳を中心とした昭和47～61年（1972～86）の調査だけをみると、ヒメヒミズとヒミズの分布境界は標高1,500～2,000mの間にあるようにみえる。Tokuda（1953）は図14にも示したように、標高1,300mを境に上部にヒメヒミズが、下部にヒミズが分布しているとあるが、今泉他（1964）は、尾瀬沼畔長蔵小屋付近の標高1,670mでヒメヒミズとヒミズの2種を捕獲しており、Tokuda（1953）の1,300mとは異なっていることを報告している。尾瀬保護指導委員会として昭和47～61年に実施した調査でも、今泉他（1964）と同様に尾瀬沼畔キャンプ場周辺の調査で、ヒメヒミズとヒミズの2種を標高1,670mくらいのところで捕獲している。今泉他（1964）の調査は、徳田からほぼ10年が経過しており、昭和47～61年の調査もさらにそれから20年が経過していることを考慮すると、磐梯山北斜面で見られたように、ヒミズの分布域が高い標高の方に拡大したと考えられる。早池峰山や八甲田山ではそれぞれ標高1,000m、900mとなっていたが、その後どうなったのだろうか。大変興味深いところである。

3. ビロードネズミ属のネズミ

(1) ヤチネズミとスミスネズミ

　ヤチネズミは自然がよく残った高山や亜高山に生息し、ハタネズミは森林が伐採されたような草地や耕作地に生息する。燧ヶ岳の登山路沿いの長英新道ルートでは標高1,600～2,300mの間で、見晴ルートでは標高1,600～2,300mの間で、広沢ルートでは標高1,600～2,300mの間で捕獲されていた。ここまでは問題なさそうである。しかし、本来高山帯や亜高山帯に生息するヤチネズミが、桧枝岐ルートでは草地や耕作地に多く生息するハタネズミとほぼ同じ地域（標高の低い1,000～1,300m）で捕獲されている。蜂谷・木村（1986）は、スミスネズミの分布も含めて今後さらにこのヤチネズミに関しては検討が必要であると述べている。この予想通り、後日再検討が必要になった。

　その前に、ヤチネズミとスミスネズミに関して、少し見てみることにしよう。阿部他（1994）によれば、現在本州に生息しているヤチネズミのグループは、ビロードネズミ属（*Eothenomys*）に属しており、小型のスミスネ

ズミ (*Eothenomys smithii*) と大型のヤチネズミ (*Eothenomys andersoni*) に分類されている。

　大型のヤチネズミに関しては、前述したように分類がまだ未解決であり、ニイガタヤチネズミ (*Eothenomys niigatae*) とトウホクヤチネズミ (*Eothenomys andersoni*) に分ける研究者もいる。また、紀伊半島に生息するさらに少し大型のヤチネズミをワカヤマヤチネズミ (*Eothenomys imaizumii*) とする研究者もいる。ここでは、阿部他 (1994) を採用して、尾瀬に生息しているものをヤチネズミ (*E. andersoni*) とする。

　さて、次に小型のスミスネズミであるが、今泉 (1960) は、乳頭数と下顎の第1臼歯の形態などから、関東から中部地方に生息するカゲネズミ (*Eothenomys kageus*) と、富山県以西の本州、四国、九州および隠岐島に生息するスミスネズミ (*E. smihiii*) の2種に分類している。また、Imaizumi (1957) は乳頭数3対のスミスネズミから乳頭数2対を分離したものをカゲネズミ (新種) とし、ともにカゲネズミ属 (*Eothenomys*) としている。しかし、乳頭数には地理的変異があり、同一個体でも左右で変異があることや、乳頭数4と6の交配が可能で乳頭数4や6の個体が出現することが確認されたことから、乳頭数による識別は不可能としている (金子、1992a)。ゆえに、これら2種は同物異名とされて、現在ではカゲネズミとスミスネズミをま

とめてスミスネズミにしている（阿部他、1994）。

　以後、本書ではニイガタヤチネズミとトウホクヤチネズミを1つにまとめてヤチネズミと呼び、スミスネズミとカゲネズミを1つにまとめてスミスネズミと呼ぶ。

　したがって、日本産のビロードネズミ属にはヤチネズミとスミスネズミの2種だけなので、これらの識別は簡単にできるような気がするが、次の金子のことばから、一筋縄ではいかないことがわかるであろう。金子（1992a）は、「スミスネズミとヤチネズミとは形態的に非常に類似している。従来の識別法は大部分が相対的な表現で方法的に難しい。また、尾率や尾長の絶対値、臼歯紋を用いても地理的に異なった標本群では統計的に重なり合い識別不可能である。一番確実な方法は乳頭数8がヤチネズミ、4～6がスミスネズミ（ただし、福岡県英彦山で乳頭数8の個体1頭の捕獲例がある；宮尾、1967）であるが成体雌にしか適用できない」といっている。

　今泉（1960）は尾率40～50％をスミスネズミ、尾率50～70％をヤチネズミとしている。尾率での識別は確実ではないが、かなり有効な方法である。ほかには染色体の核型分析や頭骨標本を調べてヤチネズミかスミスネズミかを識別する方法もある。染色体を調べたり頭骨を調べる方法は確実ではあるが、場合によっては個体を殺したり、また識別するまでに時間がかかる。

外部形態を測定するだけで、もう少し簡単にヤチネズミかスミスネズミかを見分ける方法はないものだろうか。ふつう捕獲個体の外部形態を計測する項目は、性別、体重、全長、尾長、頭胴長（全長－尾長）、後足長（爪あり、爪なし）、耳長などであった。このうち、後足長と尾長の散布図を使用すると、ヤチネズミとスミスネズミを尾率よりも明瞭に識別することができることがわかったのである（金子・木村、1986）。

　大まかな見方をすると、後足長17.0〜19.0mmの範囲を境に、後足長と尾長が短いスミスネズミのグループと、後足長と尾長が長いヤチネズミのグループに分けられることがわかった。ただし、ヤチネズミやスミスネズミは生息地が南の方になるにしたがって大きくなる傾向があるので、できるだけ同じ地域の個体群間で散布図を作成することが大切である。

　そこで、もう一度桧枝岐ルートのヤチネズミに戻ってみよう。これまでは尾瀬沼畔ではカゲネズミ（本書ではスミスネズミ）の報告はあったが桧枝岐側ではなく、さらに低い標高にスミスネズミが生息するものと考えられていた。しかし、もう少しデータを蓄積した後で検討するとした桧枝岐川沿いのヤチネズミのなかに、スミスネズミが存在していたのではないだろうか。そこで、尾瀬のビロードネズミ属の計測値の再検討をすることにした。

(2) スミスネズミの北限

その前に、ヤチネズミとスミスネズミの2つのグループを、「尾率」で識別するよりも明瞭に識別する方法に関して、もう少し詳しく見てみよう。

両種の外部形態による識別法として従来から用いられていた「頭胴長と尾長」による尾率（％）での同定法や、「頭胴長と後足長」の関係図による同定法よりも、「後足長と尾長」の関係図を使用する方が有効であることを最初に報告したのは金子・木村（1986）である。その後、金子他（1992）により、岐阜県と石川県にまたがる両白山地のビロードネズミ属の同定でも、ヤチネズミとスミスネズミの識別に「後足長と尾長」の関係図を使用する方が有効であることが示された。

ここでちょっと尾瀬地域を離れて福島県のビロードネズミ属を考えてみることにする。今泉（1960）によると、福島県にはカゲネズミ（本書ではスミスネズミ）は生息していなかったという。その後、今泉他（1964）は尾瀬沼畔の長蔵小屋周辺でカゲネズミの生息を報告している。また、木村（1978）も尾瀬沼畔でカゲネズミの生息を報告している。そこで、木村他（1992）は尾瀬以外の安達太良山系に25の調査地点（St.1～St.25）を設定し（図24）小哺乳類を採集し、捕獲されたビロードネズミ属を

後足長と尾長の関係図で同定してみることにした。その時の調査地点は二本松市（St.1～St.4）、安達郡大玉村（St.5～St.23）、郡山市熱海町（St.24～St.25）の3地域である（図24）。捕獲されたのは、モグラ類のジネズミ、ヒメヒミズおよびヒミズの3種と、ネズミ類のヤチネズミ（同定後）、スミスネズミ（同定後）、ハタネズミ、アカネズミ、ヒメネズミおよびドブネズミの6種である（表20）。

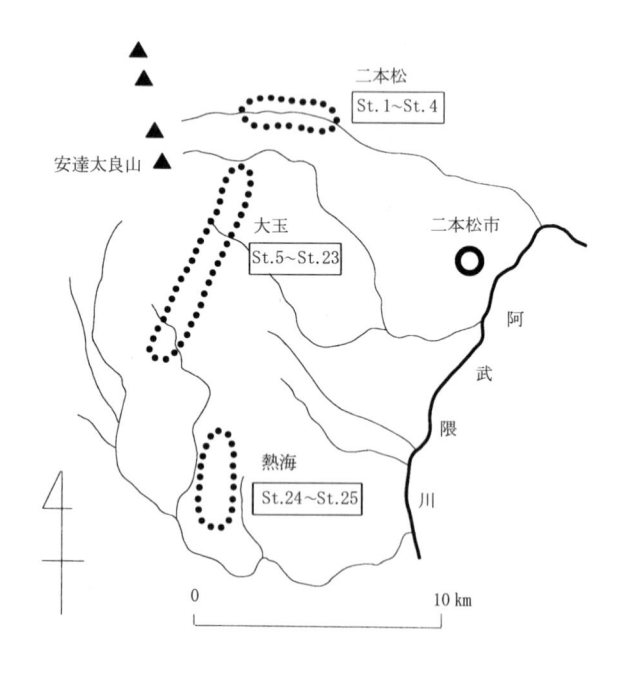

図24　安達太良山系の調査地点（木村他、1994を変更）

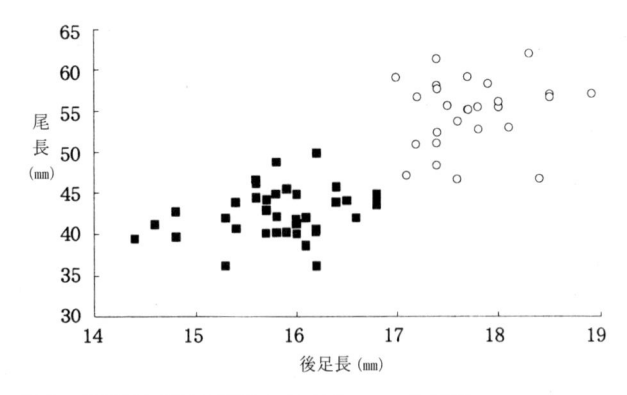

図25 後足長と尾長の関係図（木村他、1994を変更）

今回捕獲されたビロードネズミ属67個体について、図25には後足長と尾長の関係が、図26には頭胴長と後足長の関係が、図27には頭胴長と尾長の関係が示されている。図25では後足長17mm付近を境として、後足長と尾長の長いグループと、後足長と尾長の短いグループの2つの集団に分けることができた。長い方に属する26個体の頭胴長、尾長、後足長の平均は98.5mm、55.0mm、17.8mmで、乳頭の見られた5個体すべてが4対8個（2＋0＋2＝8）であった。また、短い方に属する41個体の頭胴長、尾長、後足長の平均は91.7mm、42.3mm、15.8mmで、乳頭の見られた7個体のうち6個体が2対4個（0＋0＋2＝4）、1個体が3対6個（1＋0＋2＝6）であった。

表20 安達太良山系の小哺乳類の捕獲結果（木村他、1994）
　　　①ジネズミ　　　②ヒメヒミズ　③ヒミズ　　④ヤチネズミ
　　　⑤スミスネズミ　⑥ハタネズミ　⑦アカネズミ
　　　⑧ヒメネズミ　　⑨ドブネズミ

地域名	St. No.	調査地名	標高(m)	①	②	③	④	⑤	⑥	⑦	⑧	⑨
二本松	1	塩沢	765−800	−	5	10	9	−	5	17	16	−
	2		800−820	−	−	−	−	−	1	1	1	−
	3		550	−	−	2	−	−	−	5	−	−
	4	安達太良	550−590	1	−	4	−	−	−	−	7	6
大玉	5	雨ヶ沢	530−550			7	1	1		9	11	
	6	下流	540−550	−	−	2	2	−	−	1	1	−
	7		550−560	−	−	3	1	−	1	−	−	−
	8	A沢	640−630	−	−	2	1	−	−	2	2	−
	9		610−615	1	−	4	1	−	−	−	5	−
	10	寺沢	665−680	−	−	5	−	−	−	2	10	−
	11		650−660	−	−	5	1	−	−	3	1	−
	12		590−600	−	−	1	−	4	−	1	4	−
	13		580	−	−	−	1	−	−	2	3	−
	14		540−550	−	−	3	−	4	−	2	6	−
	15		530	−	−	1	−	−	−	3	3	−
	16		550	1	−	2	−	3	1	4	1	−
	17	小高倉西	650	−	−	2	4	−	−	−	2	−
	18		600	−	−	2	2	5	1	7	3	−
	19		550	−	−	2	−	6	1	5	1	−
	20	三ツ森	580−590	−	−	−	2	−	−	−	2	−
	21		530	−	−	−	−	1	−	6	−	−
	22		500	−	−	−	−	−	−	7	9	1
	23	守谷山東	450	−	−	4	−	−	−	12	5	−
熱海	24	七瀬	360	−	−	−	−	1	−	−	−	−
	25	熱海	380−550	−	−	17	−	17	14	41	15	−

＊④のヤチネズミと⑤のスミスネズミに関しては、図25によって同定した。

今泉 (1960) は、トウホクヤチネズミ (本書ではニイガタヤチネズミとまとめてヤチネズミとしている) の尾長が47〜58mm、後足長が16.8〜18.3mmで、カゲネズミ (本書ではスミスネズミとまとめてスミスネズミとしている) の尾長が35〜51mm、後足長が14.5〜18.0mmとしている。

　ここで、尾長と後足長の大きさと乳頭数を考慮すると、図25の後足長と尾長の長い集団がヤチネズミに対応し (図では○で示してある)、短い集団がスミスネズミ (図では■で示してある) に対応するものと考えられる。

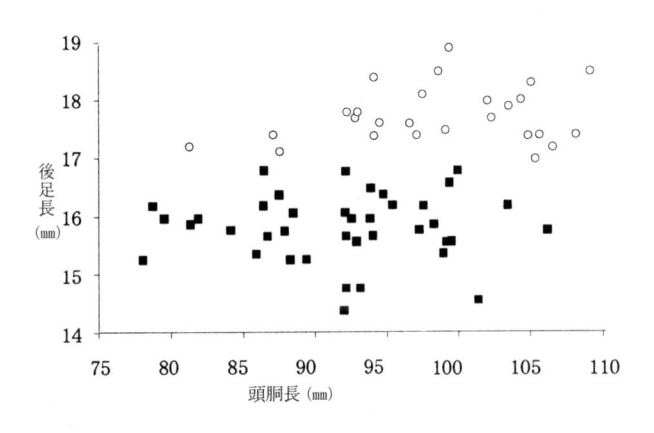

図26　頭胴長と後足長の関係図 (木村他、1994を変更)

なお、図26の頭胴長と後足長の関係図では、図25の後足長と尾長の長いヤチネズミ（図の〇印）とした集団と、短いスミスネズミ（図の■印）とした集団をうまく分離できず、頭胴長と後足長では2種を識別できないことがわかった。

　また、図27の頭胴長と尾長の関係図（尾率）でも、尾率が50～70％であるとされているヤチネズミの集団（図の〇印）と40～50％であるとされているスミスネズミの集団（図の■印）を、図25のようにうまく分離できず、尾率で2種を識別することは困難であることがわかった。

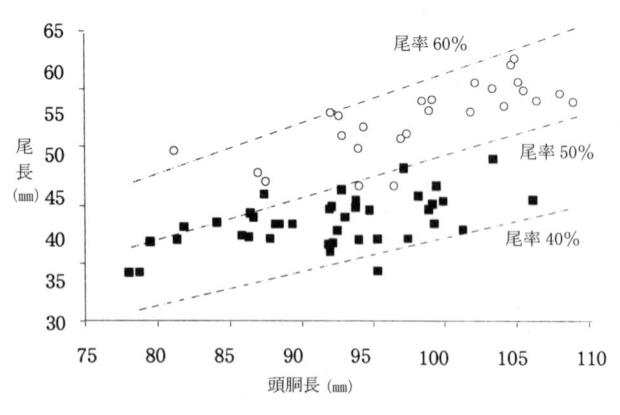

図27　頭胴長と尾長の関係図（木村他、1994を変更）

スミスネズミの太平洋側の北限は、それまでの栃木県から福島県安達郡大玉村に変わった（阿部他、1994；金子、1992b）。また、大玉地域のヤチネズミとスミスネズミの捕獲状況では、ヤチネズミは標高530〜800ｍに、スミスネズミは標高360〜600ｍに分布し、標高530〜600ｍの地域で両種の分布域が重なっていた（図28）。

　なお、磐梯熱海のSt.25では、黒色の毛色のスミスネズミを数個体捕獲し（口絵参照）、そのうちの１個体を弘前大学教授の小原良孝博士に資料として提供したことがあった。その後、この黒色の個体は捕獲されていない。

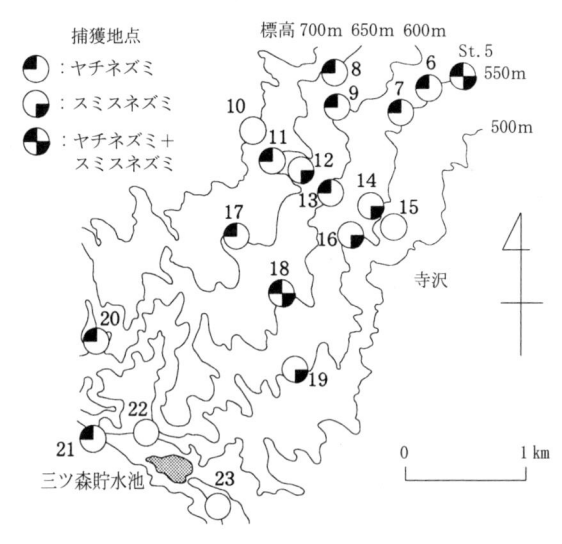

図28　大玉地域のビロードネズミ属の捕獲地点（木村他、1994を変更）

(3) ビロードネズミ属の分布

　やはり従来の「頭胴長と尾長（尾率）」だけを手がかりにすると、ヤチネズミとスミスネズミを分離できなかったが、「後足長と尾長」の散布図を利用することによって、2つの集団をうまく分離することができた。

　以前、少々問題があるとしておいた、桧枝岐川沿いで捕獲されたヤチネズミのなかに、スミスネズミが存在する可能性が出てきたことから、尾瀬のビロードネズミ属の外部形態計測値の再検討をしなければならなくなった。安達太良山系の時と同じように「後足長と尾長」の散布図を利用すると、2つの集団に分離できるかもしれない。

　そこで、もう一度尾瀬のビロードネズミ属に戻って考えてみることにした。再検討に使用したビロードネズミ属は尾瀬で捕獲した37個体である。それぞれの個体の採集年月日、捕獲した調査地点番号、標高および外部形態計測値（性別、体重、頭胴長、尾長、後足長）は、表21に示すとおりである。なお、❻と❼の2個体は、北海道大学大学院地球環境科学研究科生態遺伝学講座の岩佐真宏氏（現在日本大学）が捕獲した個体で、金子先生と3人で尾瀬のビロードネズミ属の再検討をした際に、研究対象となった個体でもある（木村他、1999）。

表21 尾瀬産ビロードネズミ属の外部形態計測値（木村他、1999）

採集年月日	調査地点番号	標高(m)	性別	頭胴長(mm)	尾長(mm)	後足長(mm)	体重(g)
1983/08/26	❶	2300 ○	♂	101.5	60.5	19.0	22.0
1982/08/11	①	2300 ○	♂	106.5	71.0	19.0	34.0
1982/08/12	①	2300 ○	♀	102.5	65.0	19.0	24.0
1981/08/20	①	2300 ○	♂	104.1	61.5	18.0	27.0
1981/08/21	①	2300 △	♂	75.2	41.7	17.7	11.5
1981/08/21	①	2300 △	♀	72.2	45.2	17.8	10.5
1983/08/24	❷	2200 ○	♀	101.5	57.5	18.0	26.8
1982/08/11	②	2200 △	♀	86.5	54.0	18.0	19.5
1981/08/19	②	2200 ○	♀	104.9	64.8	19.0	26.5
1981/08/21	②	2200 ○	♀	96.2	61.3	18.5	23.5
1983/08/21	②	2200 △	♀	87.6	58.6	18.8	17.0
1981/08/21	②	2200 △	♂	90.2	57.8	18.2	18.3
1983/08/26	❸	2100 ○	♂	102.0	58.0	19.0	26.0
1983/08/25	❹	2000 ○	♂	104.5	61.0	18.5	27.5
1981/08/19	④	2000 ○	♀	111.5	60.5	18.1	27.5
1981/08/20	④	2000 ○	♂	110.8	67.8	19.5	32.0
1981/08/19	⑤	1900 ○	♂	113.5	62.0	19.0	34.0
1981/08/20	⑤	1900 ○	♀	105.7	59.3	18.6	25.6
1983/08/26	❻	1800 ○	♀	100.5	60.5	18.5	32.0
1983/08/25	❼	1700 ○	♂	99.5	61.5	19.0	23.0
1976/08/13	⑧	1700 □	♀	115.0	71.0	19.0	36.0
1977/08/25	⑧	1700 ■	♂	89.0	46.5	16.5	17.5
1983/08/25	❽	1600 ○	♀	102.0	60.0	19.2	31.8
1982/08/12	⑧	1600 △	♂	82.5	48.0	18.5	16.0
1985/08/21	②	1300 ○	♂	96.0	56.5	18.8	24.8
1985/08/21	②	1300 ○	♀	103.2	59.8	18.8	20.4
1985/08/21	②	1300 ○	♂	99.0	58.0	18.2	21.2
1985/08/21	③	1200 ○	♂	105.0	61.5	18.7	21.3
1985/08/22	③	1200 ○	♂	104.5	58.0	18.2	34.2
1985/08/22	③	1200 ○	♂	108.5	59.0	18.2	30.4
1985/08/22	③	1200 ○	♀	116.5	70.0	18.7	34.9
1985/08/22	③	1200 ○	♂	97.8	59.2	18.8	21.0
1997/11/14	⑥	1155 ◇	♀	103.0	66.0	19.3	27.6
1998/08/24	⑦	1140 ◆	♂	93.5	43.5	16.0	19.9
1985/08/21	④	1100 ●	♂	93.5	43.5	16.2	18.2
1985/08/22	⑤	1000 ●	♂	87.2	43.5	16.2	19.7

＊調査地点番号の⑥と⑦は岩佐が採集、本文参照。
＊標高の欄の○、●、□、■、△、◇、◆の記号は本文参照。

準備のできたところで、安達太良山系のビロードネズミ属と同様に、尾瀬で捕獲されたビロードネズミ属の「後足長と尾長」の関係図を作成してみたところ、尾瀬産のビロードネズミ属も後足長17mm付近を境に、2つのグループに分けることができた。やはりヤチネズミとしたもののなかにスミスネズミがいたことになる（図29）。

　そこで、捕獲場所と標高および捕獲年を考慮して、記号をいくつかに分けて示したのが図30である。すなわち、表21に示したように、昭和51年（1976）に捕獲した個体を□印で、昭和52年に捕獲した個体を■印で示した。また、岩佐氏が平成9年（1997）に捕獲した個体を◇印で、

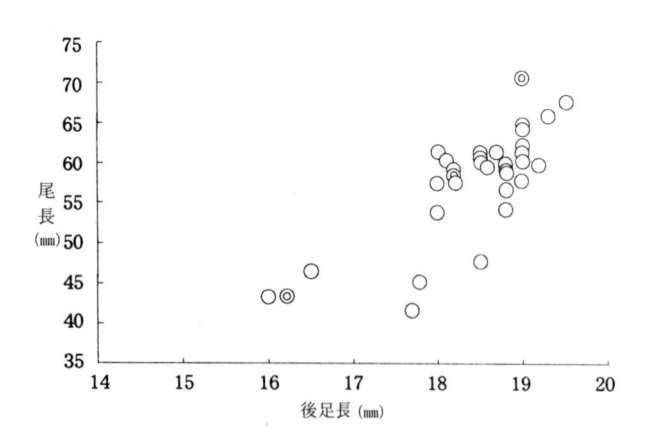

図29　後足長と尾長の関係図（木村他、1999を変更）

平成10年に捕獲した個体を◆印で示した。さらに、昭和56～60年（1981～85）に捕獲した個体を〇印（△印は後述）で示し、そのなかで標高1,100m以下で捕獲された2個体を●印で示した（図30）。

記号別に示した図30によれば、対象とした尾瀬産のビロードネズミ属37個体の「後足長と尾長」の関係図には、後足長16.5～17.5mm付近に計測値の存在しない部分があり、後足長の長いグループ（〇印、□印、◇印および△印の33個体）と、後足長の短いグループ（●印、■印、◆印の4個体）の2つのグループに識別できることがわかった。

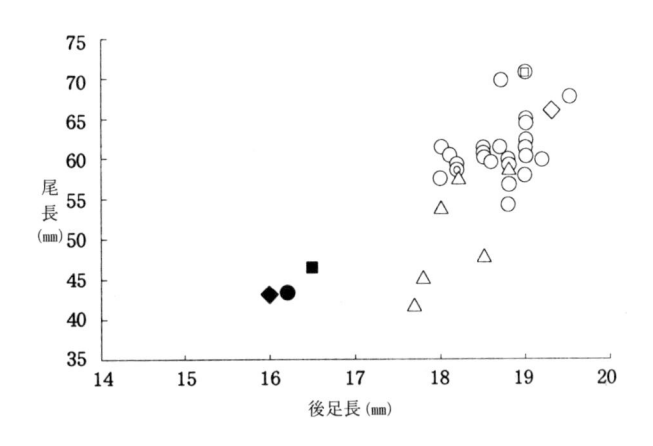

図30　後足長と尾長の関係図（木村他、1999を変更）

図30の後足長の長いグループ（○印、□印、◇印および△印の33個体）がヤチネズミのグループで、後足長の短いグループ（●印、■印、◆印の4個体）がスミスネズミのグループであることはご推察のとおりである。

　ところで、ヤチネズミのグループをよく見てみると、尾長が41.7～71.0mmまでの広い範囲に分布しているのがわかる。41.7mmの個体はスミスネズミよりも短い尾長なので、尾長では2つのグループに識別することは難しそうである。ちなみに、「頭胴長と尾長」の関係図（尾率）を示したものが図31である。やはり、ヤチネズミとスミスネズミを識別することはできなかった。

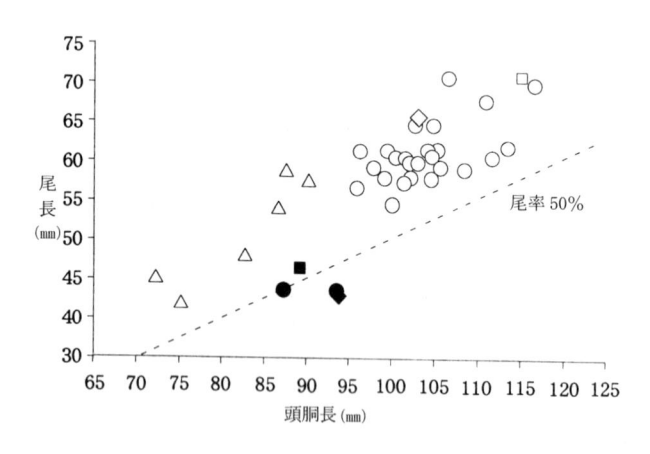

図31　頭胴長と尾長の関係図（木村他、1999を変更）

ところで、図30のヤチネズミのなかに、どうして尾長の短い個体（41.7mm）がいたのであろうか。

　宮尾他（1963）は、ヤチネズミの体重が20.0g以下の個体を幼若個体と考えていることから、ここでも後足長の長い33個体のうち、体重が20.0g以下の6個体を幼若個体とみなし△印で表した。△印とそれ以外（○印、□印、◇印）の最外郭をそれぞれ細線で結び、グループの最外郭を太線で結んだ（図32）。これで明らかなように、ヤチネズミのなかにスミスネズミよりも尾長の短い幼若個体が含まれていた。成獣だけが捕獲されるとは限らないので、幼若個体も考慮する必要があった。

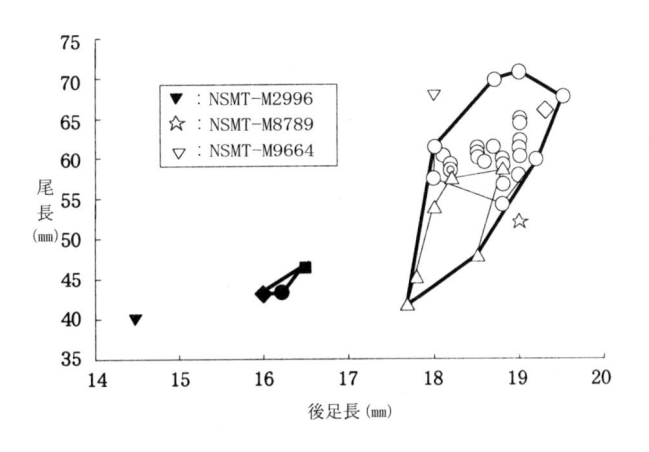

図32　後足長と尾長の関係図（木村他、1999を変更）

なお、図32には、新たに▼印、☆印、▽印が示されているが、これらは、国立科学博物館に保管されている尾瀬産ビロードネズミの標本3個体の計測値を示したものである。遠藤（1997）によると、記録ノートには、以下のような計測値が示されている。木村他（1999）では、37個体にこれら3個体も加えて議論している。

　まず▼印の個体（標本番号 NSMT-M2996）は、昭和29年（1954）8月15日に長蔵小屋で捕獲された♀で、頭胴長、尾長、後足長がそれぞれ93.0mm、40.0mm、14.5mmであった。この個体はスミスネズミとされている。次に☆印の個体（標本番号 NSMT-M8789）は、昭和37年（1962）8月15日に長蔵小屋で捕獲された♀で、頭胴長、尾長、後足長がそれぞれ88.0mm、52.0mm、19.0mmであった。この個体はカゲネズミとされている。最後に▽印の個体（標本番号 NSMT-M9664）は、昭和39年（1964）6月6日に尾瀬で捕獲された♀で、頭胴長、尾長、後足長がそれぞれ115mm、68mm、18.0mmであった。この個体はニイガタヤチネズミとされている。

　本書では、スミスネズミとカゲネズミは一緒にしてスミスネズミと呼んでおり、ニイガタヤチネズミとトウホクヤチネズミも一緒にしてヤチネズミと呼んでいる。博物館の▼印、☆印、▽印は果たして何ネズミなのだろうか。

▼印の個体は、スミスネズミの集団よりもさらに後足長、尾長の短い個体であり、これはスミスネズミでよいであろう。次に☆印の個体は、博物館のノートの種名はカゲネズミ（本書ではスミスネズミ）とされているが、体重が19.0gであることを考慮すると、カゲネズミではなくヤチネズミであり、体重が20.0g以下の幼若個体に該当するものと考えるのが妥当であろう。最後に▽印の個体はニイガタヤチネズミ（本書ではヤチネズミ）とされているが、体重が18.0gと軽いものの、やはりヤチネズミとして問題はなさそうである（図32）。また、尾率の図に▼印、☆印、▽印を追加したのが図33であり、この図でも☆印はヤチネズミの幼若個体と考えられる。

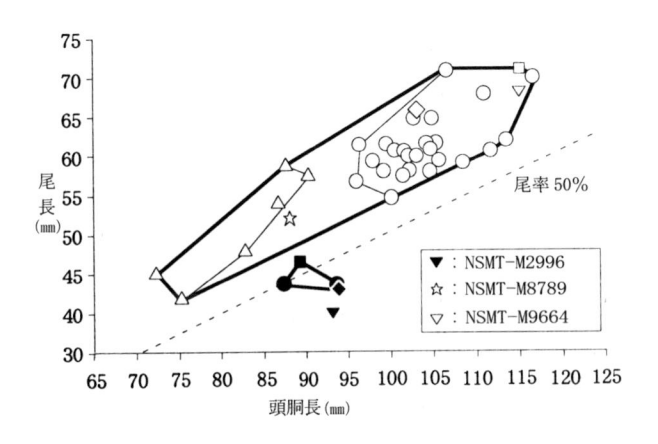

図33　頭胴長と尾率の関係図（木村他、1999を変更）

以上の結果、昭和51年（1976）8月13日に捕獲されて、蜂谷他（1977）でヤチネズミと報告された個体（図の□印）は、今回の結果でもヤチネズミと同定された。また、昭和52年（1977）8月25日に捕獲され、カゲネズミ（本書ではスミスネズミ）と報告された個体（図の■印）も、今回の結果でスミスネズミと同定されたことになる。「後足長と尾長」の関係図を用いた同定結果から、ビロードネズミ属の尾瀬地域での分布を示したものが図34である。

　燧ヶ岳北斜面の、桧枝岐村から御池を経て燧ヶ岳（俎嵓）山頂に向かう登山路沿いには、標高1,150m付近を境界として、上方にヤチネズミが、下方にスミスネズミが分布しているのがわかった。

　一方、燧ヶ岳南側の尾瀬沼側では、長蔵小屋付近の標高1,700mでヤチネズミとスミスネズミが混在し、上方にヤチネズミが分布していた。スミスネズミの垂直分布の標高は、桧枝岐側では尾瀬沼側に比べて約500m低かった。今泉他（1964）でも、尾瀬沼畔長蔵小屋付近の標高1,650mでヤチネズミとカゲネズミの両種が捕獲されているが、燧ヶ岳北側と南側のように1つの山塊において、地域により2種の分布の状況が異なっている例が、石川県と岐阜県にまたがる両白山地でも見られる。すなわち、石川県側では標高1,000m付近を境として、上方にヤチネズミが、下方にスミスネズミが分布しており、岐阜県

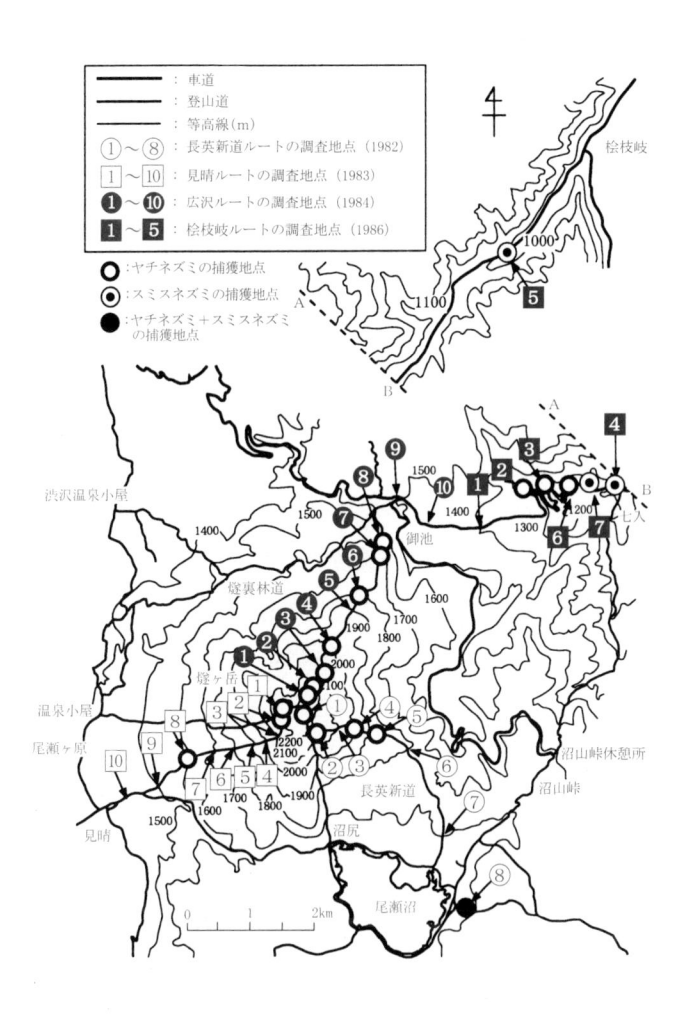

図34 ビロードネズミ属の捕獲地点
　　　（紙面の都合で、A－Bより右は上に示した）

側では標高650〜1,325mにおいて両種が混在し、それより高い標高にヤチネズミが生息している（金子他、1992）。徳田（1950）によれば、本州中部の八ヶ岳では、標高1,600mより上方にヤチネズミが生息し、下方にスミスネズミが生息している。あるいは、宮尾他（1964）はスミスネズミが標高2,400mまで分布するという。福島県の安達太良山系においても、両種が標高550〜650mで一部混在し、これより上にヤチネズミが分布し、下方にスミスネズミが分布していた（木村他、1994）。今のところヤチネズミとスミスネズミの分布を決める要因は明らかにされておらず、これら2種の微小な生息場所の選択や種間関係に関しては未調査である（金子、1992）。尾瀬沼南部の群馬県側のビロードネズミ属の分布や尾瀬地域西部の尾瀬ヶ原側における両種の分布に関しては、現在のところ詳しい情報は得られていないことから、さらに詳しい調査が実施されることを期待したい。

　なお、ネズミ科以外で燧ヶ岳周辺に生息する小さな哺乳類としては、ネズミ目ヤマネ科のヤマネが長英新道ルートの⑧（蜂谷・木村、1982）と広沢ルートの❿（木村、1984）で、リス科のムササビが長英新道ルートの⑧付近で確認されている（蜂谷他、1974）。また、ネコ目イタチ科のオコジョが長英新道ルートの⑧（蜂谷・木村、1982）と広沢ルートの❻（木村、1984）で確認されている。

4．コウモリ調査

　筆者は、今から30年ほど前に、福島市平野で捕獲されたアブラコウモリが届けられたことにより、アブラコウモリの外部形態計測値や産仔数などについて『福島生物No.17』（福島県生物同好会誌）に「福島県の翼手類Ⅰ　アブラコウモリ（イエコウモリ）」という報告をしたことがあった（木村、1974）。このときは「福島県の翼手類Ⅱ、Ⅲ、Ⅳ・・・」と引き続き報告する予定だったが、ある事情により続編をなかなか出すことができないでいた。1つは新しく見つかるコウモリの種数がなかなか増えないことにあった。また、1回の調査でたくさんの材料が採集できる、例えば「水生昆虫」や「土壌動物」と異なって、夜間や洞窟での作業となるコウモリ調査は、1人で実施することすら大変であったことから、小哺乳類の調査そのものが、コウモリ類からモグラ類、ネズミ類へと力点が変わってしまったことも理由の1つに挙げられる。その後、いつかはまとめて発表しなければと思いつつ、延び延びになってしまったが、ようやく平成13年（2001）に「福島県の翼手類Ⅱ」を発表することができた（木村、2001）。

福島県に生息するコウモリに関しては、日本生態学会東北地区会での「会津地方におけるコウモリについて」と題する発表のなかで、ヒナコウモリ科のヒナコウモリ、イエコウモリ、ニホンヤマコウモリおよびニホンウサギコウモリの4種について報告された（星、1972）。

　ヒナコウモリは、河沼郡湯川村勝常寺に、多いときには約1万匹が生息していたという。見られるのは5月中旬から8月下旬の約100日間で、雌の出産、保育集団で、越冬地はまったくわからないとしている。しかし、昭和39年（1964）に屋根を「かやぶき」から銅板に葺き替えたことや、裏側の森林を伐採したことにより、ヒナコウモリが周辺に移動してしまい、生息数が約2,000匹に減少してしまったと報告している。また、イエコウモリは会津のコウモリのなかでは最も多く、真夏の夕焼け空に飛ぶ様から、会津若松市を「コウモリの市」と呼んでいることや、河沼郡会津坂下町台の宮公園のケヤキの樹洞に生息しているニホンヤマコウモリや南会津郡桧枝岐村のニホンウサギコウモリにも触れている。

　平成3年（1991）に環境庁（当時）からレッドデータブックが発行されたことがきっかけとなり、各都道府県でもレッドデータブックの作成を開始した。福島県でもふくしまレッドデータブック作成検討委員会が発足し、哺乳類分科会を任されることになった。

福島県でも、野生動物のレッドデータブック作成のために、哺乳類全般の調査が鳥獣捕獲許可証の交付を受けて平成11年（1999）から開始されることになった。特にコウモリ類（翼手類）に関する既存のデータが少ないことから、既報の文献により福島県で記録されているコウモリ類のデータを整理するとともに、昭和47年（1972）以来継続していた福島県内のコウモリ類調査で得られた未発表データを報告したのが「福島県の翼手類Ⅱ」である（木村、2001）。

　主な日本産コウモリ類の採集記録としては、前田（1984；1985；1986）、Yoshiyuki（1989）および澤田（1994）が知られており、コウモリ類の採集記録が日本全国において採集地別に示されている。また、吉行（1974、1980）には尾瀬産のコウモリ類に関する種名の変遷が示されている。これら既報の文献類から福島県産コウモリ類の記録を抽出した結果、福島県に生息するコウモリ類は、キクガシラコウモリ科ではキクガシラコウモリ属のコキクガシラコウモリ、キクガシラコウモリ、ヒナコウモリ科ではホオヒゲコウモリ属のフジホオヒゲコウモリ、モモジロコウモリ、アブラコウモリ属のアブラコウモリ、ヤマコウモリ属のコヤマコウモリ、ヤマコウモリ、ヒナコウモリ属のヒナコウモリ、テングコウモリ属のニホンコテングコウモリの2科6属9種となった。

なお、吉行（1974）が尾瀬沼畔で尾瀬保護指導委員会の調査において採集した個体は、ニホンコテングコウモリ（*M. silvatica*）のタイプ標本である（Yoshiyuki, 1983）。

　また、木村の未発表データにあった福島県産のコウモリ類は、コキクガシラコウモリ、キクガシラコウモリ、モモジロコウモリ、アブラコウモリ、ヤマコウモリ、ウサギコウモリ、ニホンテングコウモリの2科6属7種であったことから、文献に見られないウサギコウモリ属のウサギコウモリと、テングコウモリ属のニホンテングコウモリの1属2種が追加されることになり、福島県に生息するコウモリ類は、2科7属11種となった。

　コウモリの種名（和名）に関しては、巻末の前田（1994a、改訂中）および環境庁（1993）で採用しているコウモリ類の種名（和名）リストの対照表（表32）を参考にしていただきたい。なお、前田（1994a）では33種、環境庁（1993）では39種なのは、環境庁ではヤエヤマコキクガシラコウモリをヤエヤマコキクガシラコウモリとイリオモテコキクガシラコウモリの2種に分け、ヒメホオヒゲコウモリをヒメホオヒゲコウモリ、シナノホオヒゲコウモリ、フジホオヒゲコウモリ、オゼホオヒゲコウモリ、エゾホオヒゲコウモリの5種に分け、オオアブラコウモリをオオアブラコウモリとコウライオオアブラコウモリに分けているからである。

その後平成11年（1999）8月から平成12年（2000）12月までに、福島県内の37調査地点で実施したコウモリ類の調査結果について見てみることにしよう。

　調査地は浜通りでは鹿島町、原町市、浪江町、富岡町、いわき市の5市町、中通りでは梁川町、福島市、二本松市、郡山市、常葉町、西郷村の6市町村、会津では北塩原村、喜多方市、会津高田町、昭和村、舘岩村、桧枝岐村の6市町村の合計17市町村に37ヵ所の調査地点を設定し、コウモリ類の捕獲された21地点に番号を付けて示した（図35）。また、21の調査地点名と調査方法などは表22に、捕獲調査の結果は表23に示すとおりである。

　前田（1994b）によると、コウモリは休息や冬眠の場所により、洞穴性コウモリと樹洞性コウモリ、家屋性コウモリに分けられる。洞穴性コウモリの場合は、冬季に鍾乳洞や隧道などの洞穴内で冬眠中の個体を確認するという方法を採用したが、活動期には捕虫網やカスミ網で一部の個体を捕獲して種名を確認した。一方、樹洞性コウモリの場合は、広葉樹の老木の多い地域やコウモリの飛翔通路と思われる登山道・林道にカスミ網を設置した。

　カスミ網は捕獲許可証がないと購入できず、環境省に申請して捕獲許可証を交付してもらう。手網などでの捕獲の場合は福島県知事へ申請し、尾瀬などの特別天然記念物での調査には、文化庁長官の捕獲許可証が必要である。

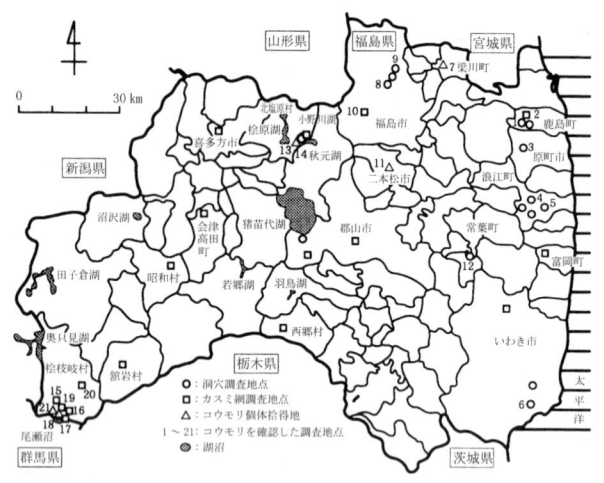

図35 調査地

表22 コウモリ類を確認した調査地点と調査方法（木村他、2002）

市町村名	調査地点番号	調査地点名	標高(m)	調査方法
鹿島町	1	大穴鍾乳洞	300	洞穴調査
	2	サンショウ洞	300	洞穴調査
原町市	3	蛇穴鍾乳洞	450	洞穴調査
浪江町	4	高倉	50	洞穴調査
	5	賀老	70	洞穴調査
いわき市	6	内郷白水町	50	洞穴調査
梁川町	7	青葉	45	（家屋拾得）
福島市	8	平野沼前	130	洞穴調査
	9	中野高取	170	洞穴調査
	10	桜本白津	350	カスミ網調査
二本松市	11	大壇	200	（家屋拾得）
常葉町	12	鬼穴	800	洞穴調査
北塩原村	13	蛇平	760	（家屋拾得）
	14	秋元湖畔	800	洞穴調査
桧枝岐村	15	御池燧ヶ岳登山道	1500	カスミ網調査
	16	大江湿原奥混交林	1680	カスミ網調査
	17	尾瀬沼畔	1670	カスミ網調査
	18	尾瀬沼ヒュッテ	1680	（家屋拾得）
	19	尾瀬長英新道	1680	カスミ網調査
	20	上ノ原	970	カスミ網調査
	21	尾瀬温泉小屋	1430	（木道拾得）

表23 生息が確認されたコウモリ類の調査結果（木村他、2002）

種名	調査地点番号	調査年月日	調査方法	個体数 ♀:♂:不明
キクガシラコウモリ科				
キクガシラコウモリ属				
コキクガシラコウモリ	14	1999.10.10	捕獲・目撃	1:8:50
	8	1999.10.17	捕獲・目撃	5:0:1
	3	1999.11.20	捕獲・目撃	3:0:120
	1	1999.12.19	目撃	0:0:1300
	2	2000.06.25	捕獲・目撃	0:0:100
	4	2000.12.10	捕獲・目撃	1:1:11
	5	2000.12.10	目撃	0:0:2
キクガシラコウモリ	8	1999.10.17	捕獲・目撃	0:1:1
	9	1999.10.17	捕獲	0:1:0
	1	1999.12.19	目撃	0:0:100
	6	2000.03.20	捕獲・目撃	1:0:4
	10	2000.10.11	捕獲	1:0:0
	12	2000.11.19	捕獲	0:0:2
	5	2000.12.10	捕獲・目撃	1:0:6
ヒナコウモリ科				
ホオヒゲコウモリ属				
フジホオヒゲコウモリ	15	1999.08.05	捕獲	1:0:0
	13	1999.09.04	拾得	0:1:0
	16	2000.07.14	捕獲	1:4:0
モモジロコウモリ	14	1999.10.10	捕獲	0:3:0
	2	2000.06.25	捕獲・目撃	1:1:100
	1	2000.06.25	捕獲	0:1:0
アブラコウモリ属				
アブラコウモリ	7	2000.07.17	拾得	1:0:0
	11	2000.09.27	拾得	0:1:0
ホリカワコウモリ属				
クビワコウモリ	19	2000.07.16	捕獲	1:0:0
ヒナコウモリ属				
ヒナコウモリ	19	2000.07.16	捕獲	0:1:0
	20	2000.08.19	捕獲	1:0:0
チチブコウモリ属				
チチブコウモリ	19	2000.07.16	捕獲	1:0:0
ウサギコウモリ属				
ウサギコウモリ	15	1999.08.05	捕獲	1:0:0
	17	2000.07.14	捕獲	1:0:0
	18	2000.07.15	拾得	1:0:0
テングコウモリ属				
コテングコウモリ	21	2000.08.24	拾得	0:1:0
テングコウモリ	1	1999.12.19	捕獲	2:0:0

その後福島県に生息することが確認されたコウモリは、コキクガシラコウモリ、キクガシラコウモリ、フジホオヒゲコウモリ、モモジロコウモリ、アブラコウモリ、コヤマコウモリ、ヤマコウモリ、ヒナコウモリ、ウサギコウモリ、コテングコウモリ、ニホンテングコウモリの2科7属11種（木村、2001）に、ホオヒゲコウモリ属のクロホオヒゲコウモリ（佐藤、2001）が追加された2科7属12種になっている。県内の37の調査地点中21の調査地点で確認されたコウモリ類は、コキクガシラコウモリ、キクガシラコウモリ、フジホオヒゲコウモリ、モモジロコウモリ、アブラコウモリ、クビワコウモリ、ヒナコウモリ、チチブコウモリ、ウサギコウモリ、ニホンコテングコウモリとニホンテングコウモリであり（木村他、2002a）、このうち、ホリカワコウモリ属のクビワコウモリとチチブコウモリ属のチチブコウモリが初めて確認されたことにより、福島県に生息するコウモリは2科9属14種となった。

　なお、この調査で確認されたクビワコウモリとチチブコウモリは、ともに尾瀬でカスミ網調査により確認されたコウモリであるが、チチブコウモリに関してはビデオ撮影をしているすきに逃亡されてしまい、外部形態の測定値も毛皮標本も一切なく、私の手元に残ったのは写真のみであった（木村他、2003）。

このままチチブコウモリが捕獲されなければ、取り返しのつかないことになってしまう。そこで何とかチチブコウモリのデータを得るために、翌年に尾瀬のカスミ網調査を再び計画した。そして、平成14年（2002）8月13〜14日に長英新道の標高1,670m付近の混交林に、カスミ網を3面設置して、チチブコウモリの捕獲に再挑戦した。夜中にバットディテクターでは時折コウモリの発する超音波をひろっていたが、カスミ網では捕獲されず、午前3時頃からカスミ網を撤収する作業に入ったところ、3面張ったカスミ網の最後の網に、コウモリがかかっているのに気付いた。撤収作業を開始する前に、3面ともコウモリがかかっていないことを確認していることから、撤収作業を開始した後の、午前3〜3時30分くらいの間にカスミ網にかかったものと考えられる。運良くチチブコウモリ♂1個体を捕獲することができて、本当によかったと思っている（木村他、2002b）。

　尾瀬地域では、これらの他に、フジホオヒゲコウモリ、ヒナコウモリ、ウサギコウモリがカスミ網で捕獲された。ウサギコウモリは国民宿舎尾瀬沼ヒュッテの家屋のなかでも確認されている。また、平成12年（2000）8月24日の朝に、温泉小屋付近の木道に落下していたニホンコテングコウモリの死体を拾得したが、なぜ落下していたのかは不明である。

なお、木村（2001）は環境庁（1993）のリストを参考にして、カグヤコウモリ、モリアブラコウモリ、ユビナガコウモリなどが福島県でも捕獲されると予想していた。その予想通り、ユビナガコウモリ（約140頭）が平成13年（2001）10月19日に、昭和47年（1972）以来の調査地である福島市飯坂町中野堰場の洞穴において初めて確認された。ユビナガコウモリ属のユビナガコウモリが初めて捕獲され、福島県で確認されたコウモリは、1属1種増えて2科10属15種となった（木村他、2002b）。

　尾瀬地域以外では、南会津郡只見町でクロホオヒゲコウモリが平成9年（1997）8月23日にカスミ網にて4個体捕獲されているが、成体の写真が公表されているだけである（佐藤、2001）。そこで、科学的なデータとして外部形態計測値と毛皮標本、頭骨標本をきちんとそろえる目的でカスミ網調査を実施したところ、クロホオヒゲコウモリを平成14年（2002）9月14日にカスミ網にて確

平成13年に確認されたユビナガコウモリ

認することができた(木村他、2003)。

　平成13年から福島県安達郡東和町木幡山の隠津島神社において、ムササビの生態調査をしていたところ、社務所の屋根裏からコウモリが飛び出すことに気が付いた。そこで、宮司の阿部匡俊氏の許可を得てカスミ網を設置してみると、平成14年5月14日に飛び出した十数個体のコウモリのうち、カスミ網にかかった4個体はヒナコウモリで、よく見るとそのうちの1個体にアルミ製の翼帯が付いていた。

　この個体は秋田県大曲市金谷町大曲橋の橋梁部分のコンクリートの隙間で発見された約1,000頭のヒナコウモリの群のなかから、向山先生(青森県立三戸高等学校教諭)らが平成13年(2001)8月9日の夕方に捕獲して、翼帯を装着した約160個体のうちの1個体であった(木村他、2003)。アルミ製の翼帯には「AOMORI M. M. M22212」とあり、大曲から直線距離で約200km離れた隠

翼帯が付いたヒナコウモリ

津島神社で約9ヶ月後に確認されたことになる。木幡山周辺に冬眠地があるのか、あるいは別の冬眠地から繁殖地に移動する途中で隠津島神社に立ち寄ったところを捕獲されたのかは不明である。渡りをするコウモリ類も知られているが、全国各地では翼帯を装着させたコウモリが増加しており、国内の移動経路などが明らかになることも期待される。この翼帯の付いた個体は、外部形態を計測した後、現地において放逐された。

　また、ヒナコウモリに関しては、福島県福島市の国道115線がJR東北線を越える、交通量の多い方木田跨線橋の橋梁部分のコンクリートの隙間に入り込んでいる数十個体を、平成14年6月22日に確認した。ヒナコウモリは、基本的にはねぐらとする樹洞のある森林を生息地としている（阿部他、1994）が、青森県でもコンクリート製の大型建造物や橋桁をねぐらとしていることが報告され（熊谷他、2002）、平成14年1月31日には東京都文京区

ヒナコウモリが見つかった方木田跨線橋

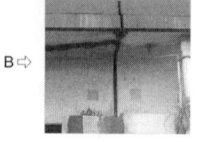

の日本庭園「六義園」に隣接するビルの前で保護されたヒナコウモリの報告もある（大橋、2002）。

　福島県において、このような人工構造物のむき出しの隙間で観察されたのは初めてである。跨線橋の付近で落下して死んでいた幼獣も見られており、付近で繁殖していることも考えられる。また、平成15年（2003）2月17日の福島民報新聞には、福島市のマンションで1月に越冬しているヒナコウモリが見つかったとの記事もあることから、福島市内で越冬していることも考えられる。

　コウモリ類が、人工構造物を仕方なく利用しているのか積極的に利用しているのかは不明であるが、したたかに生きるコウモリの一面を垣間見た気もする。

　下の写真は、以前ヤマコウモリが生息していた会津坂下町の台の宮公園のケヤキの樹洞であるが、コウモリに関する情報（洞穴の場所、樹洞のある樹木の場所など）があれば、お知らせいただけると幸いである。

以前ヤマコウモリがいたケヤキの樹洞

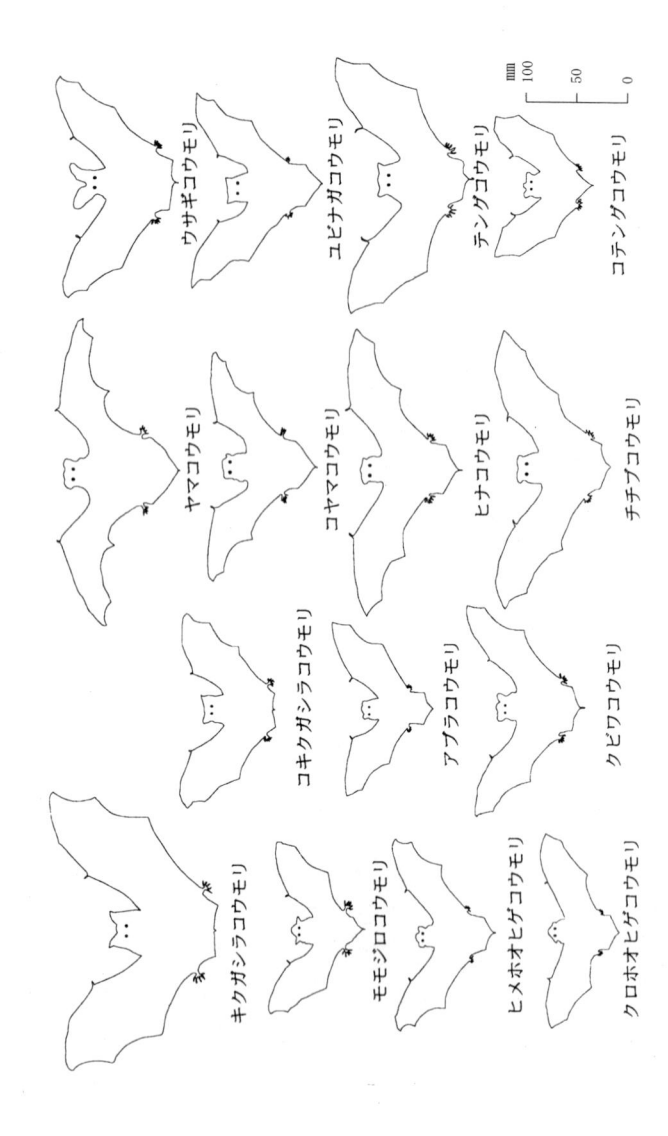

図36 福島県に生息するコウモリ類

第四部

絶滅のおそれのある野生哺乳類

1. 環境省のレッドデータブック

　平成3年（1991）に野生生物の種の保護対策を進める基礎的なデータとして、環境庁（現環境省）により日本版の『レッドデータブック（日本の絶滅のおそれのある野生生物）』がまとめられ発行された。

　外国ではいろいろと野生生物保護のための取り組みが開始されており、国内ではトキやイリオモテヤマネコへの取り組みが知られている。トキは、環境省の改訂版では「野生絶滅」にあたるが、このトキのような野生生物を出さないように、環境庁がレッドデータブック作成に取り組むことになった。そしてレッドデータブックへ掲載する種を選定する際のカテゴリー区分（表24）が検討され、そのカテゴリー区分にしたがってレッドリストが公表され、レッドデータブックとしてそれらの生息状況がまとめられた。

　掲載種を選定する際に対象となった日本産の野生哺乳類は、モグラ目（2科18種）、コウモリ目（5科39種）、サル目（1科2種）、ウサギ目（2科5種）、ネズミ目（4科33種）ネコ目（6科23種）、アザラシ目（3科9種）、ウシ目（3科7種）の合計8目26科136種（亜種を含める

表24 カテゴリーと定義の概略 (環境庁、1991)

絶滅種　Extinct (Ex)
- 我が国ではすでに絶滅したと考えられる種または亜種

絶滅危惧種　Endangered (E)
- 絶滅の危機に瀕している種または亜種
  もしも現在の状態をもたらした圧迫要因が引き続き作用するならば、その存続が困難なもの。

危急種　Vulnerable (V)
- 絶滅の危険が増大している種または亜種
  もしも現在の状態をもたらした圧迫要因が引き続き作用するならば、近い将来「絶滅危惧種」のランクに移行することが確実と考えられるもの。

希少種　Rare (R)
- 存続基盤が脆弱な種または亜種
  現在のところ(E)にも(V)にも該当しないが、生息条件の変化によって容易に上位のランクに移行するような要素（脆弱性）を有するもの。

地域個体群　Local population (Lp)
- 保護に留意すべき地域個体群
  地域的に孤立している個体群で、絶滅のおそれが高いもの。

と187種）であった。モグラ目・コウモリ目・ネズミ目などの「小さな哺乳類」は、11科90種になり、全体の66.2%を占めている。

　レッドデータブックに掲載された哺乳類は表25に示すとおりで、亜種も含めると絶滅種は5種、絶滅危惧種は3種、危急種は11種、希少種は36種で、合計55種である。これらのなかでコウモリ目は、絶滅種が2種、危急種が1種、希少種が16種の合計19種（34.5%）である。

表25 レッドデータブック掲載種（環境庁、1991）

種名（亜種名）　　　　　　　　　　　　　（＊：小さな哺乳類）

絶滅種
　ニホンオオカミ
　エゾオオカミ
　ニホンアシカ
　オキナワオオコウモリ　＊
　オガサワラアブラコウモリ　＊
絶滅危惧種
　ニホンカワウソ
　ツシマヤマネコ
　イリオモテヤマネコ
危急種
　トウキョウトガリネズミ　＊
　チョウセンコジネズミ　＊
　ワタセジネズミ　＊
　オガサワラオオコウモリ　＊
　アマミノクロウサギ
　アマミトゲネズミ　＊
　オキナワトゲネズミ　＊
　ケナガネズミ　＊
　ツシマテン
　ゼニガタアザラシ
　ケラマジカ
希少種
　アズミトガリネズミ　＊
　シロウマトガリネズミ　＊
　サドトガリネズミ　＊
　オリイジネズミ　＊
　フジミズラモグラ　＊
　シナノミズラモグラ　＊
　サドモグラ　＊
　エラブオオコウモリ　＊
　オリイオオコウモリ　＊
　ダイトウオオコウモリ　＊
　ミヤココキクガシラコウモリ　＊
　カグラコウモリ　＊

シナノホオヒゲコウモリ　＊
オゼホオヒゲコウモリ　＊
ヒメホオヒゲコウモリ　＊
カグヤコウモリ　＊
ツシマクロアカコウモリ　＊
クロホオヒゲコウモリ　＊
モリアブラコウモリ　＊
クロオオアブラコウモリ　＊
チチブコウモリ　＊
クチバテングコウモリ　＊
オヒキコウモリ　＊
ヤクシマザル
ホンドモモンガ　（＊ネズミ科以外のネズミ目）
ヤマネ　　　　（＊ネズミ科以外のネズミ目）
リシリムクゲネズミ　＊
ミヤマムクゲネズミ　＊
ワカヤマヤチネズミ　＊
ミヤケアカネズミ　＊
カラフトアカネズミ　＊
エゾオコジョ
ホンドオコジョ
ラッコ
ヤクシカ
ツシマジカ

地域個体群

下北半島のニホンザル
東北地方のニホンザル
琵琶湖以西のニホンリス
石狩西部のエゾヒグマ
紀伊半島のツキノワグマ
東中国山地のツキノワグマ
西中国山地のツキノワグマ
四国地方のツキノワグマ
九州のツキノワグマ
青森県のニホンイイズマ
徳之島のリュウキュウイノシシ
四国のニホンカモシカ
九州のニホンカモシカ

表26　新カテゴリーと定義の概略（環境省、2002）

絶滅　Extinct (EX)　　　　　　　　　　　　　　　　　旧絶滅種　(Ex)
- 我が国ではすでに絶滅したと考えられる種

野生絶滅　Extinct in the Wild (EW)
- 飼育・栽培下でのみ存続している種

絶滅危惧Ⅰ類　(CR + EN)　　　　　　　　　　　　　旧絶滅危惧種　(E)
- 絶滅の危機に瀕している種

　○絶滅危惧ⅠA類　Critically Endangered (CR)
- ごく近い将来における絶滅の危険性が極めて高い種

　○絶滅危惧ⅠB類　Endangered (EN)
- ⅠA類ほどではないが、近い将来における
  絶滅の危険性が極めて高い種

絶滅危惧Ⅱ類　Vulnerable (VN)　　　　　　　　　　　旧危急種　(V)
- 絶滅の危険が増大している種

準絶滅危惧　Near Threatened (NT)　　　　　　　　　旧希少種　(R)
- 現時点では絶滅危険度は小さいが、生息条件の変化
  によっては「絶滅危惧」に移行する可能性のある種

情報不足　Data Deficient (DD)
- 評価するだけの情報が不足している種

[附属資料]

絶滅のおそれのある地域個体群　Local Population (LP)
- 地域的に孤立しており、地域レベル　　　旧地域個体群　(Lp)
  での絶滅のおそれが高い個体群

　その後、ＩＵＣＮ（国際自然保護連合）の考え方にしたがって、評価の基準であるカテゴリーを見直して新カテゴリーを策定し、レッドデータブックの見直しを行った。新カテゴリーには定性的な要件に加えて、定量的な数値基準による客観的な評価基準を採用し、また絶滅のおそれのある（絶滅危惧）種のなかに、絶滅危惧Ⅰ類（ⅠA類とⅠB類に分けている）と絶滅危惧Ⅱ類を設定して

いる（表26）。

　このカテゴリーにしたがって平成14年に「レッドデータブック」の哺乳類の改訂版が発行された（環境省、2002）。この改訂版レッドデータブックに選定されたのは、亜種も含めると絶滅4種、絶滅危惧ⅠA類が12種、絶滅危惧ⅠB類が20種、絶滅危惧Ⅱ類が16種、準絶滅危惧が16種、情報不足が9種の合計77種であり、その他に12の絶滅のおそれのある地域個体群が選定されている。

　この改訂版レッドデータブックに掲載された哺乳類は表27に示すとおりで、コウモリ目では、絶滅のオキナワオオコウモリとオガサワラアブラコウモリの2種は以前と変わらず、絶滅危惧ⅠA類の5種のうち、オガサワラオオコウモリは以前は危急種で、エラブオオコウモリとダイトウオオコウモリとミヤココキクガシラコウモリの3種が希少種からランクアップし、新たに新種のヤンバルホオヒゲコウモリも加わっている。絶滅危惧ⅠB類が14種で、新種のリュウキュウテングコウモリも入っている。絶滅危惧Ⅱ類が12種、情報不足が7種であり、絶滅のおそれのあるⅠ類とⅡ類の合計48種のうち、3分の2に当たる31種がコウモリ目で占められている。

　コウモリ目が多く選定された理由は、分類学上の取扱いの変更（亜種への細分化）と生息環境の悪化が挙げられる。モグラ目では、絶滅危惧ⅠA類がセンカクモグラ

表27 レッドデータブック掲載種（環境省、2002）

種名（亜種名）　　　　　　　　　　　　　　（*：小さな哺乳類）

絶滅
　オキナワオオコウモリ　*
　オガサワラアブラコウモリ　*
　エゾオオカミ
　ニホンオオカミ
絶滅危惧ⅠA類
　センカクモグラ　*
　ダイトウオオコウモリ　*
　エラブオオコウモリ　*
　オガサワラオオコウモリ　*
　ミヤコキクガシラコウモリ　*
　ヤンバルホオヒゲコウモリ　*
　ツシマヤマネコ
　ニホンカワウソ（本州以南個体群）
　ニホンカワウソ（北海道個体群）
　ニホンアシカ
　セスジネズミ　*
　オキナワトゲネズミ　*
絶滅危惧ⅠB類
　オリイジネズミ　*
　オキナワコキクガシラコウモリ　*
　ヤエヤマコキクガシラコウモリ　*
　カグラコウモリ　*
　シナノホオヒゲコウモリ　*
　ヒメホオヒゲコウモリ　*
　エゾホオヒゲコウモリ　*
　クロホオヒゲコウモリ　*
　ホンドノレンコウモリ　*
　モリアブラコウモリ　*
　ヒメホリカワコウモリ　*
　クビワコウモリ　*
　コヤマコウモリ　*
　リュウキュウユビナガコウモリ　*
　リュウキュウテングコウモリ　*
　イリオモテヤマネコ

ゼニガタアザラシ
　　アマミトゲネズミ　＊
　　ケナガネズミ　＊
　　アマミノクロウサギ
絶滅危惧Ⅱ類
　　トウキョウトガリネズミ　＊
　　エチゴモグラ　＊
　　オリイコキクガシラコウモリ　＊
　　イリオモテコキクガシラコウモリ　＊
　　ウスリドーベントンコウモリ　＊
　　ウスリホオヒゲコウモリ　＊
　　フジホオヒゲコウモリ　＊
　　カグヤコウモリ　＊
　　ヤマコウモリ　＊
　　ヒナコウモリ　＊
　　チチブコウモリ　＊
　　ニホンウサギコウモリ　＊
　　ニホンテングコウモリ　＊
　　ニホンコテングコウモリ　＊
　　ツシマテン
　　トド
準絶滅危惧
　　アズミトガリネズミ　＊
　　シロウマトガリネズミ　＊
　　サドトガリネズミ　＊
　　チョウセンコジネズミ　＊
　　ワタセジネズミ
　　ヒワミズラモグラ　＊
　　フジミズラモグラ　＊
　　シナノミズラモグラ　＊
　　サドモグラ　＊
　　ヤクシマザル
　　ニホンイイズナ
　　ホンドオコジョ
　　エゾオコジョ
　　ミヤマムクゲネズミ　＊
　　リシリムクゲネズミ　＊
　　ヤマネ　　　　　　（＊ネズミ科以外のネズミ目）

情報不足
　ツシマクロアカコウモリ　＊
　オゼホオヒゲコウモリ　＊
　クロオオアブラコウモリ　＊
　コウライオオアブラコウモリ　＊
　クチバテングコウモリ　＊
　オヒキコウモリ　＊
　スミイロオヒキコウモリ　＊
　エゾクロテン
　ラッコ
地域個体群
　下北半島のホンドザル
　東北地方のホンドザル
　石狩西部のエゾヒグマ
　紀伊半島のツキノワグマ
　東中国山地のツキノワグマ
　西中国山地のツキノワグマ
　四国地方のツキノワグマ
　九州のツキノワグマ
　徳之島のリュウキュウイノシシ
　中国地方以西（四国を除く）のニホンリス
　　　　　　（＊ネズミ科以外のネズミ目）
　夕張・芦別のナキウサギ

の1種、絶滅危惧ⅠB類がオリイジネズミの1種、絶滅危惧Ⅱ類がトウキョウトガリネズミとエチゴモグラの2種、準絶滅危惧が9種の合計13種であり、ネズミ目（ネズミ科）も、絶滅危惧ⅠA類がセスジネズミとオキナワトゲネズミの2種、絶滅危惧ⅠB類がアマミトゲネズミとケナガネズミの2種、準絶滅危惧がミヤマムクゲネズミとリシリムクゲネズミの2種の合計6種を占める。

2. 福島県のレッドデータブック

　福島県でも平成10年(1998)から「ふくしまレッドデータブック策定事業」が開始され、福島県の野生生物の分布と生息状況が調査された。その結果から、野生生物の絶滅の危険度が評価され、「ふくしまレッドリスト」として公表された。そして平成14年(2002)に『レッドデータブックふくしまⅠ』が刊行され、平成15年に哺乳類などを対象とした『レッドデータブックふくしまⅡ』が刊行された。「レッドデータブックふくしま」へ掲載する種を選定する際のカテゴリー区分(表28)は、レッドデータブックカテゴリー(環境庁、1997)に準じている(環境庁、2002)。なお、詳しくは『レッドデータブックふくしまⅡ』をご覧いただきたい。

　『レッドデータブックふくしまⅡ』の哺乳類の項は、「福島県は全国第3位の広さをもっていて、普通は南北に走る阿武隈山地と奥羽山脈により、気候的に温暖な浜通り地域、阿武隈川沿いに平野が広がった穏やかな中通り地域、豪雪地帯の会津地域に分けられる。森林面積も全体の70％を占める森林県である。その中でも、福島県、群馬県、新潟県の3県にまたがる尾瀬地域は、日光国立公

表28　福島県のカテゴリーと定義の概略（福島県、2003）

絶滅
　　環境庁の絶滅と野生絶滅を合わせたカテゴリーとした。
絶滅危惧
　　環境庁のカテゴリーに準じ、絶滅危惧を絶滅危惧Ⅰ類と絶滅危惧Ⅱ類に分けた。
　絶滅危惧Ⅰ類
　　環境庁のカテゴリーでは絶滅危惧ⅠA類と絶滅危惧ⅠB類に分かれているが、定性的要件だけでは区別が困難なため、これらを合わせて絶滅危惧Ⅰ類とした。
　絶滅危惧Ⅱ類
　　環境庁の絶滅危惧Ⅱ類に準じた。
準絶滅危惧
　　環境庁の準絶滅危惧に準じた。
希少
　　福島県独自のカテゴリー区分とし環境庁カテゴリー区分の「情報不足」を包含し、かつ、希少の定性的要件にしたがい区分することとした。
注意
　　福島県独自のカテゴリー区分として、全国的には希少だが、福島県では普通である生物を対象とした。
未評価
　　福島県独自のカテゴリー区分とし環境庁カテゴリー区分の「情報不足」を包含し、かつ、未評価の定性的要件にしたがい区分することとした。

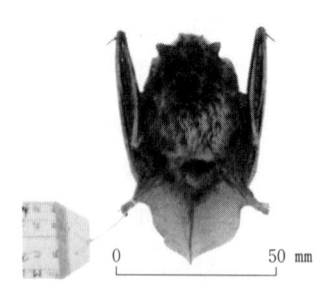

オゼホオヒゲコウモリ　　　　　科学博物館での標本調査

園であり、特別天然記念物（天然保護区域）に指定されており、動物・植物の宝庫になっている地域でもある」と始まる。やはり、尾瀬で思い出すのは尾瀬の名の付いたコウモリである。

昭和26年（1951）に群馬県側尾瀬ヶ原（標高約1,400ｍ）でコウモリが１個体捕獲され、後にオゼホオヒゲコウモリ（*Myotis ozensis*）と命名された（Imaizumi、1954）。残念ながら福島県側では捕獲されず、尾瀬と富士山から合計２個体が捕獲されただけで、『改訂版レッドデータブック』（環境省、2002）では情報不足（ＤＤ）である。

『レッドデータブックふくしまⅡ』の巻頭には、カラーの口絵写真を掲載することになっており、どうしても写真が手に入らない場合には、国立科学博物館の標本を撮影させていただくことを考えていた。コウモリ類に関しては生息数の少ないコヤマコウモリを準備することができず、モグラ類に関してもミズラモグラが捕獲されず、これも博物館にお世話になることになった。『レッドデータブックふくしまⅡ』に掲載された哺乳類は、表29に示すとおり24種であるが、このうち第二部に登場しなかった９種の哺乳類の写真を165頁以降に掲載しておく。

未評価も多く、さらに調査を継続することが必要と考えられるが、読者の皆さんのなかにも哺乳類の調査をやってみたいと思う方が現れるのを期待している。

表29 レッドデータブック掲載種（福島県、2003）

種名（亜種名）	（全国カテゴリー）
絶滅	
オオカミ	（絶滅　EX）
カワウソ	（絶滅危惧IA類　CR）
絶滅危惧I類	
ヤマコウモリ　*	（絶滅危惧II類　VU）
絶滅危惧II類	
ウサギコウモリ　*	（絶滅危惧II類　VU）
準絶滅危惧	
ヒナコウモリ　*	（絶滅危惧II類　VU）
希少	
ヒメホオヒゲコウモリ*	（絶滅危惧II類　VU）
クロホオヒゲコウモリ*	（絶滅危惧IB類　EN）
テングコウモリ　*	（絶滅危惧II類　VU）
コテングコウモリ　*	（絶滅危惧II類　VU）
オコジョ	
スミスネズミ　*	
カヤネズミ　*	
ヤマネ（*ネズミ科以外）	（準絶滅危惧　NT）
注意	
ニホンザル	
ツキノワグマ	
ニホンカモシカ	
未評価	
カワネズミ　*	
ミズラモグラ　*	（準絶滅危惧　NT）
クビワコウモリ　*	（絶滅危惧IB類　EN）
コヤマコウモリ　*	（絶滅危惧IB類　EN）
チチブコウモリ　*	（絶滅危惧II類　VU）
ユビナガコウモリ　*	
イイズナ	（準絶滅危惧　NT）
ホンドモモンガ（*ネズミ科以外）	

（*：小さな哺乳類）

絶滅　オオカミ(福島県産)

　1905年頃をさかいに絶滅したとされている。写真は国立科学博物館に収蔵されている剥製標本で、明治の初めに福島県岩代で捕獲された雄個体である。国内にあるほぼ完全な剥製標本は、国立科学博物館と東京大学と和歌山大学の合計3体である。

絶滅　カワウソ(栃木県産)

　大正12年と昭和2年に県内で捕獲された記録がある。桧枝岐村では1900年代まで、只見町では1950年代まで生息していたといわれる。写真は福島大学教育学部生物学教室に収蔵されている剥製標本で、明治19年11月に野州日光大谷川で採集したものである。

希少　オコジョ

　尾瀬では燧ヶ岳の登山道や湿原の木道などでよく見かけるが、浜通り地方の阿武隈山地にも生息する可能性がある。写真は福島県の自然観察ガイドブック作成のために昭和53年8月に飯豊山に登った際に、草履塚の石積みから出てきた個体を撮影したもの。

希少　ヤマネ

コウモリと同じように冬季には体温を下げて冬眠する。山岳地帯の山小屋などに入ることがよくあり、丸くなって冬眠することからマリネズミとも呼ばれている。平成15年にはいわき市でも確認されている。写真は尾瀬で昭和53年8月に撮影したもの。

注意　ニホンザル

東北地方では、孤立(福島県では原町市個体群)していることから、環境省では絶滅のおそれのある地域個体群としている。近年、全国的に分布域が拡大し、人間社会との間で問題が生じている。写真は福島市飯坂町で平成15年12月に岩崎雄輔氏が撮影したもの。

注意　ツキノワグマ

西日本や東北地方では、絶滅のおそれのある地域個体群になっている。阿武隈川から西の地域ではふつうに見られる。近年、阿武隈山地や浜通り地方でも目撃されている。写真は尾瀬長池湿原において平成14年8月にセンサーカメラで撮影したもの。

注意　ニホンカモシカ

　昭和30年に特別天然記念物に指定された。昭和54年に文化・環境・林野の3庁合意により、地域を限って保護する方針が決まった。全国に15地域が設定される予定である。写真は南会津郡只見町において平成15年5月にセンサーカメラで撮影したもの。

未評価　イイズナ（青森県産）

　北海道と本州では青森、岩手、山形県で確認されている。福島県では昭和58年に安達太良山において保護され、福島県鳥獣保護センターに運ばれた記録が1件あるのみで、生息しているならば南限となる。写真は国立科学博物館に収蔵されている標本である。

未評価　ホンドモモンガ

　生息情報が少なく、平成2年以降に只見町以外で得られた情報としては、平成14年に南会津郡桧枝岐村御池の西にある広沢林道で、コウモリ用のカスミ網にかかったものが目撃されたという1件だけである。写真は只見町で平成8年4月に新国勇氏が撮影したもの。

種名対照表（和名のみ、学名省略）

表30　モグラ類の種名対照表（阿部他、1994）

	阿部（1994）	環境庁（1993）
1	チビトガリネズミ	チビトガリネズミ
2	ヒメトガリネズミ	カラフトヒメトガリネズミ
3	アズミトガリネズミ	アズミトガリネズミ
4	トガリネズミ	シントウトガリネズミ
5	サドトガリネズミ	サドトガリネズミ
6	オオアシトガリネズミ	オオアシトガリネズミ
7	カワネズミ	カワネズミ
8	コジネズミ	コジネズミ
9	オナガジネズミ	オナガジネズミ
10	ジネズミ	ジネズミ
11	オリイジネズミ	オリイジネズミ
12	ジャコウネズミ	ジャコウネズミ
13	ヒメヒミズ	ヒメヒミズ
14	ヒミズ	ヒミズ
15	ミズラモグラ	ミズラモグラ
16	センカクモグラ	センカクモグラ
17	サドモグラ （エチゴモグラ）	サドモグラ 〃
18	コウベモグラ	コウベモグラ

表31　ネズミ類（ネズミ科）の種名対照表（阿部他、1994）

	金子（1994）	環境庁（1993）
1	タイリクヤチネズミ 〃	タイリクヤチネズミ シコタンヤチネズミ
2	ムクゲネズミ 〃	ミヤマムクゲネズミ リシリムクゲネズミ
3	ヒメヤチネズミ	ヒメヤチネズミ
4	ヤチネズミ 〃 〃	トウホクヤチネズミ ニイガタヤチネズミ ワカヤマヤチネズミ
5	スミスネズミ 〃	スミスネズミ カゲネズミ
6	ハタネズミ	ハタネズミ
7	マスクラット	マスクラット
8	カヤネズミ	カヤネズミ
9	セスジネズミ	セスジネズミ
10	ハントウアカネズミ	ハントウアカネズミ
11	アカネズミ 〃	アカネズミ ミヤケアカネズミ
12	ヒメネズミ	ヒメネズミ
13	トゲネズミ （オキナワトゲネズミ）	アマミトゲネズミ
14	ドブネズミ	ドブネズミ
15	クマネズミ （ニホンクマネズミ）	クマネズミ
16	ケナガネズミ	ケナガネズミ
17	ハツカネズミ	ハツカネズミ
18	オキナワハツカネズミ	オキナワハツカネズミ
19	ヌートリア	ヌートリア

表32　コウモリ類の種名対照表（阿部他、1994）

	前田（1994）	環境庁（1993）
1	クビワオオコウモリ	クビワオオコウモリ
2	オキナワオオコウモリ	オキナワオオコウモリ
3	オガサワラオオコウモリ	オガサワラオオコウモリ
4	キクガシラコウモリ	キクガシラコウモリ
5	コキクガシラコウモリ	コキクガシラコウモリ
6	オキナワコキクガシラコウモリ	オキナワコキクガシラコウモリ
7	ヤエヤマコキクガシラコウモリ	ヤエヤマコキクガシラコウモリ
	〃	イリオモテコキクガシラコウモリ
8	カグラコウモリ	カグラコウモリ
9	クロアカコウモリ	クロアカコウモリ
10	モモジロコウモリ	モモジロコウモリ
11	ドーベントンコウモリ	ドーベントンコウモリ
12	ホオヒゲコウモリ	ウスリホオヒゲコウモリ
13	ヒメホオヒゲコウモリ	ヒメホオヒゲコウモリ
	〃	シナノホオヒゲコウモリ
	〃	フジホオヒゲコウモリ
	〃	オゼホオヒゲコウモリ
	〃	エゾホオヒゲコウモリ
14	クロホオヒゲコウモリ	クロホオヒゲコウモリ
15	カグヤコウモリ	カグヤコウモリ
16	ノレンコウモリ	ノレンコウモリ
17	アブラコウモリ	アブラコウモリ
18	モリアブラコウモリ	モリアブラコウモリ
19	オオアブラコウモリ	オオアブラコウモリ
		コウライオオアブラコウモリ
20	オガサワラアブラコウモリ	オガサワラアブラコウモリ
21	ホリカワコウモリ	ヒメホリカワコウモリ
22	クビワコウモリ	クビワコウモリ
23	ヤマコウモリ	ヤマコウモリ
24	コヤマコウモリ	コヤマコウモリ
25	ヒナコウモリ	ヒナコウモリ
26	チチブコウモリ	チチブコウモリ
27	ウサギコウモリ	ウサギコウモリ
28	ユビナガコウモリ	ユビナガコウモリ
29	リュウキュウユビナガコウモリ	リュウキュウユビナガコウモリ
30	テングコウモリ	ニホンテングコウモリ
31	コテングコウモリ	ニホンコテングコウモリ
32	クチバテングコウモリ	クチバテングコウモリ
33	オヒキコウモリ	オヒキコウモリ

おわりに

　大学時代にアブラコウモリの標本を初めて作製して以来、群馬県側の尾瀬で1頭捕獲されたオゼホオヒゲコウモリのことが気になっていた。資金も労力もない教育学部では、哺乳類を相手にすることは敬遠されるが、昭和47年（1972）4月に福島大学に戻るまでは、小哺乳類を研究対象にするとは思っていなかった。
　最初に新宿の国立科学博物館分館にコウモリの研究者である吉行瑞子博士をお訪ねすることから始まった。その後、尾瀬のコウモリ調査には数回ご参加いただき、コヤマコウモリの生息を明らかにしていただいたり、最近では『レッドデータブックふくしまⅡ』の発行に際して、上野の科学博物館本館や新宿分館での写真撮影などに便宜を図っていただいた。
　コウモリのカスミ網調査は環境省や文化庁への捕獲許可申請が面倒であったが、卒論生や福島県野生動物研究会のご協力もあり、現在15種のコウモリの生息が明らかになっている。福島県を取り巻くコウモリ相から、カグヤコウモリ、ノレンコウモリ、モリアブラコウモリ、オヒキコウモリなどの生息も考えられるので、コウモリ調査をさらに継続することが必要であると思っている。

当時の福島県ではモグラ類・ネズミ類の研究も思ったようには進んでおらず、小哺乳類全般を対象にすることになった。富士山の青木ヶ原調査でヒメヒミズとヒミズのすみわけ現象が見られたことから、裏磐梯でもライブトラップを使用して標識再捕法を実施してみようと考えた。しかし、ライブトラップはアメリカ製の1個3000円もする高価なワナであったことから、購入した後の研究成果のことを考えると、購入して下さいとはなかなか言い出せずにいた。このような先の見えない状態で、100個まとめて購入することを許可して下さった生物学教室の皆様に感謝申し上げる。また、尾瀬燧ヶ岳や大玉村などのビロードネズミ属の捕獲でもいろいろな方のご協力をいただいた。まだまだ、書き足りないところがたくさんあるが、小哺乳類の調査研究において、捕獲許可申請、現地調査、生息情報などで大変お世話になった関係各位に改めて感謝申し上げる。

　これまでネズミ類・モグラ類の研究を続けてこられたのは、香川大学教授の金子之史博士から福島県のネズミ類に関するお手紙をいただいたこと、そして道立衛生研究所の土屋公幸博士（現東京農業大学教授）に阿武隈山地のヤチネズミを見ていただいたことに大きく関係している。お二人にはその後もいろいろとご相談にのっていただくことも多く、改めて深く感謝申し上げる。また、

いろいろと有意義なご意見をいただいた内藤俊彦博士（尾瀬保護指導委員）にも感謝申し上げる。

　さらに、卒論・修論など（研究テーマが小哺乳類でない方もいる）でいろいろとご協力いただいた滝沢弘明、阿部充也、稲村忠右エ門、森川幸治、小泉博、山田洋、斎藤健、手塚宣幸、小野木章、杉本稔幸、茨木良司、小池秀典、佐川仁邦、松下哲哉、佐藤豊、中村守、金森誠、福島淳、遠藤峰夫、下間憲夫、斎藤崇、武持貴英、阿部洋己、鈴木宏之、竹内久美子、佐藤鉄男、宮澤美智子、横山頼義、松淵美保、渡部秀哉、川上敏夫、武井郁也、二瓶光邦、佐藤公一、菅原宏理、田島博明、蓬田真由美、国枝亜依子、吉田忠義、山本良、門脇美加、鈴木咲友子、菅野俊幸、渡邉恭子、岩原幸子、横山純子、紺野美帆、遠藤信之、影山紘子、丹治美生、加藤直樹、今野志麻、佐藤正幸、富樫祐美子、幕田忍、岩崎雄輔、志水健純、蔀理沙の各氏（旧姓）にも感謝の意を表する。

　最後に、本書執筆の機会を与えていただいた福島大学名誉教授の樫村利道博士、出版に際して大変お世話になった歴史春秋出版株式会社の阿部隆一代表取締役、編集担当の金森由香里さんに深く感謝申し上げる。

平成16年5月

引用文献

阿部永監修 (1994) 日本の哺乳類 東海大学出版会 東京, 195 pp.

遠藤秀紀 (1997) 国立科学博物館ハタネズミ類骨格標本目録 国立科学博物館 東京, 119 pp.

福島県 (1970) 尾瀬の保護と復元 I 32 pp.

福島県 (1971) 尾瀬の保護と復元 II 19 pp.

福島県 (2003) レッドデータブックふくしま II 福島県の絶滅のおそれのある野生生物 淡水魚類/両生・爬虫類/哺乳類. 103 pp.

長谷川政美・曹纓 (1999) 大陸の移動と哺乳類の進化 科学, 69(5), 440-448.

蜂谷剛 (1971) 尾瀬の動物 尾瀬の保護と復元 IV:15-19.

蜂谷剛・星一彰 (1973) 尾瀬の動物 II 尾瀬の保護と復元 IV:51-65.

蜂谷剛・木村吉幸 (1982) 尾瀬の動物 VIII, 尾瀬の保護と復元 XIII:51-56.

蜂谷剛・木村吉幸 (1986) 尾瀬の動物 XI, 尾瀬の保護と復元 XVII:33-36.

蜂谷剛・星一彰・木村吉幸 (1976) 尾瀬の動物 V, 尾瀬の保護と復元 VII:1-4.

蜂谷剛・星一彰・木村吉幸 (1977) 尾瀬動物 VI, 尾瀬の保護と復元 VIII:1-9.

蜂谷剛・星一彰・木村吉幸・栗城源一・井上行雄 (1974) 尾瀬の動物 III, 尾瀬の保護と復元 V:24-33.

蜂谷剛・星一彰・木村吉幸・吉行瑞子・栗城源一 (1975) 尾瀬の動物 IV 尾瀬の保護と復元 VI:1-13.

蜂谷剛・水野好・吉田勝一・木村吉幸・栗城源一 (1973) JIBP補

充調査地、裏磐梯地域の動物相調査報告Ⅳ. 陸上生態系における動物群集の調査と自然保護の研究,昭和47年度研究報告：124-149.

橋本太郎 (1959) 動物剥製の手引き　北隆館　東京, 159 pp.

星一彰 (1972) 福島県会津地方におけるコウモリについて　日本生態学会東北地区会会報, (32)：12-14.

今泉吉晴 (1973) 富士山麓・青木原の地下生活者. アニマ, (6),：5-20.

今泉吉晴・今泉忠明 (1972) ヒミズとヒメヒミズにおける「すみわけ」動物学雑誌 (81)：49-55.

今泉吉晴・臼杵秀昭・織田聡・尾崎透 (1964) 尾瀬沼畔長蔵小屋附近の小哺乳類 (資料) 動物学雑誌, (73)：242-243.

今泉吉典 (1951) 富士山北面鳴沢村の哺乳類　自然科学と博物館, 18(1)：1-9.

Imaizumi Y. (1954) Taxonomic studies on Japanese *Myotis* with description of three new forms (Mammalia：Chiroptera). Bull. Nat. Sci. Mus. Tokyo, 1：40-58, pls. 17-20.

Imaizumi, Y. (1957) Taxonomic studies on the red-backed vole from Japan. Part. 1. Major division of vole and descriptions of *Eothenomys* with a new species. Bill. National Sci. Mus. (Tokyo), 3：195-216.

今泉吉典 (1960) 原色日本哺乳類図鑑　保育社, 大阪, 196 pp.

今泉吉典 (1970) 日本哺乳動物図説上巻　新思潮社, 東京, 350 pp.

今泉吉典 (1971) 富士山の小型地上哺乳類と翼手類. 1) 富士山の小型哺乳類. 富士山(富士山総合学術調査報告書)：pp. 816-829. 富士急行株式会社, 東京.

今泉吉典・吉行瑞子・小原巌・土屋公幸 (1966) 本州東部における

ホンシュウカヤネズミの新産地 哺乳動物学雑誌 3:15-16.

今泉吉典・吉行瑞子・小原厳・土屋公幸・今泉忠明 (1969) 富士山の小哺乳類相1 哺乳類群集と個体群分布の要因-特に威力競合について 哺動学誌 4:63-73.

伊藤嘉昭・村井実 (1977) 動物生態学研究. 古今書院 東京, 268 pp.

金子之史 (1984) いま、なぜヤチネズミの研究が福島県で必要なのか? 尾瀬の保護と復元 XV:41-45.

金子之史 (1992a) 日本の哺乳類17 スミスネズミ 哺乳類科学 32 (1):39-54.

金子之史 (1992b) 日本にすむネズミたち 週刊朝日百科 動物たちの地球ネズミ・ウサギほか 哺乳類II(10):294-295.

金子之史・木村吉幸 (1986) スミスネズミとヤチネズミ群における外部形態の識別形質 哺乳動物学雑誌 11:196-197

金子之史・中島恬・木村吉幸 (1992) 両白山地のビロードネズミ属の同定と分布 岐阜県博物館調査研究報告 13:23-34

環境庁 (1991) 日本の絶滅のおそれのある野生生物-レッドデータブック. 脊椎動物編. 自然環境研究センター, 東京, 340 pp.

環境庁 (1993) 日本野生生物目録-本邦産野生動植物の種の現状. 脊椎動物編. 自然環境研究センター, 東京, 80 pp.

環境省 (2002) 改訂・日本の絶滅のおそれのある野生生物-レッドデータブック. 哺乳類. 自然環境研究センター, 東京, 177 pp.

木村吉幸 (1974) 福島県の翼手類I 福島生物 17:16-18.

木村吉幸 (1978) 尾瀬の動物 VII 尾瀬の保護と復元 IX:33-48.

木村吉幸 (1983) 尾瀬の動物 IX 1.小型哺乳動物 尾瀬の保護と復元 XIV:39-42.

木村吉幸 (1984a) 磐梯山地域における食虫類とネズミ類の群集傾

度について.哺乳動物学雑誌,10(2):87-97.

木村吉幸(1984b)尾瀬動物 X,尾瀬の保護と復元 XV:47-49.

木村吉幸(1987a)実験室でできる模擬個体群による動物の個体数推定の実験.1.標識再捕法.生物教育,27(2):121-127.

木村吉幸(1987b)実験室でできる模擬個体群による動物の個体数推定の実験.2.除去法.生物教育,27(3・4):191-196.

木村吉幸(1988a)実験室でできる模擬個体群による動物の個体数推定の実験.3.多回標識再捕法.生物教育,28(1):56-62.

木村吉幸(1988b)実験室でできる模擬個体群による動物の個体数推定の実験.4.決定論モデル.生物教育,28(2):129-134.

木村吉幸(1988c)実験室でできる模擬個体群による動物の個体数推定の実験.5.確率論モデル.生物教育,28(3・4):185-189.

木村吉幸(1992)「人間-自然環境系の変化と相互作用に関する基礎的研究」総合要約,2.生物群集への人間活動の影響.2)小哺乳類について.福島大学特定研究[自然と人間]研究報告,No.3:115-116.

木村吉幸(2001)福島県の翼手類Ⅱ.ANIMATE,2:19-21.

木村吉幸・阿部洋己・日高裕志(1991)教室でできるダンゴムシを用いた動物個体数推定の実験.福島大学教育実践研究紀要,(20):59-67.

木村吉幸・日高裕志・阿部洋己(1993)動物個体数推定のコンピュータシミュレーション(Ⅰ).福島大学教育実践研究紀要,(24):37-46.

木村吉幸・日高裕志・阿部洋己(1994)動物個体数推定のコンピュータシミュレーション(Ⅱ).福島大学教育実践研究紀要,(25):1-12.

木村吉幸・岩原幸子・横山純子 (1998a) カヤネズミの分布北限について. 福島生物, (41) : 43-46.

木村吉幸・金子之史・岩佐真宏 (1999) 尾瀬地域の *Eothenomys* (ビロードネズミ属) の同定と分布. 哺乳類科学, 39 (2) : 257-268.

木村吉幸・金子之史・紺野美帆 (2001) 福島県磐梯山地域におけるヒメヒミズとヒミズの分布とその変遷. 哺乳類科学, 41(1) : 71-82.

木村吉幸・金子之史・菅原宏理 (1992) 福島盆地周辺のビロードネズミ属の同定, 日本哺乳類学会1992年度大会講演要旨集: 56

木村吉幸・金子之史・吉田忠義 (1994) 安達太良山系の小哺乳類－特にビロードネズミ属について－, 福島生物, (37) : 13-19.

木村吉幸・菊池壮蔵・岩原幸子 (1998b) 福島市においてカヤネズミを捕獲. 哺乳類科学, 38 (1) : 181-184.

木村吉幸・小野木彰・杉本稔幸 (1981) 磐梯山地域の小哺乳類. 福島大学特定研究 [猪苗代湖の自然] 研究報告, (2) : 85-89.

木村吉幸・小野木彰・杉本稔幸 (1982) 磐梯山地域の小哺乳類について. 福島大学特定研究[猪苗代湖の自然]研究報告, (3) : 147-157.

木村吉幸・富樫祐美子・佐藤正幸 (2003) 福島県の翼手類Ⅳ. 福島生物, (46) : 29-35.

木村吉幸・富樫祐美子・加藤直樹・今野志麻・佐藤正幸 (2002b) 福島県の翼手類Ⅲ. 福島生物, (45) : 15-18.

木村吉幸・丹治美生・佐藤洋司・大槻晃太・渡邊憲子・加藤直樹 (2002a) 福島県に生息するコウモリ類. 哺乳類科学, 42(1) : 71-77.

北原正宣 (1986) ネズミ けものの中の繁栄者. 自由国民社, 東京, 126 pp.

熊谷さとし・三笠暁子・大沢夕志・大沢哲子 (2002) コウモリ観察ブック. 人類文化社, 東京, 303 pp.

久野英二（1986）動物の個体群動態研究法Ⅰ－個体数推定法－．共立出版，東京，114 pp.

L．マルグリス，C．V．シュヴァルツ（1987）図説生物ガイド五つの王国．日経サイエンス社，東京，365 pp.

宮尾嶽雄（1977）山の動物たちはいま．藤森書店，東京，237 pp.

前田喜四雄（1984）日本産翼手目の採集記録（Ⅰ）．哺乳類科学，24(2)：55-78．

前田喜四雄（1985）日本産翼手目の採集記録（Ⅱ）引用文献．哺乳類科学，25(2)：29-36．

前田喜四雄（1986）日本産翼手目の採集記録（Ⅱ）．哺乳類科学，26(1)：79-97．

前田喜四雄（1994a）日本産コウモリ目検索表．（阿部永監修：日本の哺乳類）pp.159-167．東海大学出版会，東京．

前田喜四雄（1994b）コウモリ目．（阿部永監修：日本の哺乳類）pp.37-70．東海大学出版会，東京．

宮尾嶽雄・両角徹郎・両角源美・花村肇・佐藤信吉・赤羽啓栄・酒井秋男（1963）本州八ヶ岳のネズミおよび食虫類　第2報　亜高山森林帯におけるヒメネズミおよびヤチネズミの性比，体重組成および繁殖活動．動物学雑誌，72：187-193．

宮尾嶽雄・両角徹郎・両角源美・花村肇・佐藤信吉・赤羽啓栄・酒井秋男（1964）本州八ヶ岳のネズミおよび食虫類　第3報　亜高山森林帯のスミスネズミ．動物学雑誌，73：189-195．

森主一（1997）動物の生態．京都大学出版会，京都，582 pp.

森下正明（1961）動物の個体群．（宮地伝三郎・加藤陸奥雄・森主一・森下正明・渋谷寿夫・北沢右三、共著：動物生態学）pp.163-262．朝倉書店，東京，536 pp.

文部省 (1988) 学術用語集 動物学編 (増訂版), 丸善, 東京, 1122 pp.

沼田真 (1974) 生息場所選択. 生態学事典. 築地書館, 東京, p. 201.

野呂達哉 (2000) ヒメヒミズとヒミズの群飼育における土生環境の影響. 日本哺乳類学会2000年度退会プログラム・講演要旨集：63.

尾瀬ヶ原総合学術調査団 (1954) 尾瀬ヶ原. 丸善, 東京, 1122 pp.

大橋直哉 (2002) 都心で保護されたヒナコウモリの飼育. 動物と動物園, 54 (7)：12-13.

佐藤洋司 (2001) 哺乳類 (只見町史資料集第4集「会津只見の自然」気候, 地質, 動物編), pp. 159-177. 福島県只見町, 只見町.

澤田勇 (1994) 日本のコウモリ洞総覧. 自然史研究雑誌, (2-4)：53-80.

柴内俊次 (1967) 哺乳類における種の問題－分布と種関係を中心に－. 哺乳類科学, 14：10-25.

田中亮 (1967) ネズミの生態. 古今書院, 東京, 169 pp.

土屋公幸・木村吉幸・湊秋作 (1986) 染色体からみた本州産ヤチネズミ3種と尾瀬のヤチネズミ, 尾瀬の保護と復元 XVⅡ：37-42.

東京書籍 (1988) 生物. 高等学校用教科書 [生物036].

徳田御稔 (1950) 御岳と八ケ岳の鼠類 －特に鼠類における棲分けの問題に就いて－. 動物学雑誌, 59：210-213.

Tokuda, M. (1953) Small mammals from Hakkoda (Aomori prefecture) with special reference to "allopatric" shrew-moles in this districts and other districts of Japan. Ecological Review, 13：129-134

徳田御稔 (1954) 尾瀬ヶ原周辺の哺乳類, 尾瀬ヶ原総合学術調査団

: 681-683.

徳田御稔 (1969) 生物地理学. 築地書館, 東京, 200 pp.

内田照彰・吉田博一 (1968) 九州のヒメヒミズ Dymecodon pilirostris True, とくに分布と形態について. 哺乳類科学, 16: 17-26.

八杉龍一・小関治男・古谷雅樹・日高敏隆 (1996) 生物学辞典 (第4版) 岩波書店, 東京, 2027 pp.

横畑泰志 (1998) モグラ科動物の生態. (阿部永・横畑泰志、編: 食虫類の自然史) pp. 67-200. 比婆科学振興会. 庄原市.

吉行瑞子 (1974) 尾瀬の翼手類. 尾瀬の保護と復元, V: 34-37.

吉行瑞子 (1980) 尾瀬の森林棲翼手類について. 哺乳動物学雑誌, 8: 89-96.

Yoshiyuki M. (1983) A new species of *Murina* from Japan (Chiroptera, Vespertilionidae). Bull. Nat. Sci. Mus. A, 9: 141-155.

Yoshiyuki M. (1989) A Systematic Study of the Japanese Chiroptera. Nat. Sci. Mus. Tokyo, 242 pp.

索引 (主な項目)

あ

青木ヶ原　　　　　62,63,64,66,68
　　　　　　　　　　70,71,91,171
アカネズミ指数　　　　　　87,88
アカネズミ　　　19,32,51,53,59,79
　　87,88,90,103104,105,109,111
　　　　　　　112,113,120,168
アズマモグラ　27,28,38,41,90,168
アブラコウモリ　　　30,42,45,137
　139,140,143,144,146,157,168,170
アマミトゲネズミ　32,154,159,160
アルビノ　　　　　　　　　　36

い

移行帯　　　　　73,74,75,78,80,84
移出　　　　　　　　　　　　91
移植　　　　　　　　　　　75,76
移入　　　　　　　　　　　　91
イリオモテコキクガシラコウモリ
　　　　　　　　　　　　　140
威力競合　　　　　　　　　　71

う

ウサギコウモリ　　　　　30,42,48
　　　138,140,143,144,146,164,169
裏磐梯スキー場　　　　　60,64,66
　　　　　　　　　68,70,78,91,171
裏磐梯泥流　　　　　　　66,68,69
　　　　　　　　　　70,78,82,84

え

液浸標本　　　　　　　　　　35
エゾホオヒゲコウモリ　　140,158
エチゴモグラ　　　　　159,160,168
エラブオオコウモリ　　154,157,158

お

オオコウモリ科　　　　　　　29
オガサワラアブラコウモリ
　　　　　　　　　　154,157,158
オガサワラオオコウモリ
　　　　　　　　　　154,157,158
オキナワオオコウモリ　154,157,158
オキナワコキクガシラコウモリ
　　　　　　　　　　　30,158,169
オキナワトゲネズミ　　154,158,160
汚染指数　　　　　　　　　　86
尾瀬　　　　　　　　60,64,68,101,102
　　　　103,104,105,106,107,108,109
　　　　114,116,118,119,126,128,129
　　　　132,134,136,139,140,141,144
　　　　145,146,147,161,163,170,171
オゼホオヒゲコウモリ
　　　　　　　140,155,160,162,163,170
尾瀬保護指導委員会
　　　　　　　　102,104,105,126,140
オヒキコウモリ科　　　　　　29
オヒキコウモリ　　30,155,167,170
オリイジネズミ　　　　　　160
温度条件　　　　　　　　　　71

か

回帰直線　　　　　　　　　　100
海抜高度　　　　　　　　60,64,71
家屋性　　　　　　　　　　141
核型分析　　　　　　　　107,117
カグヤコウモリ　　　　30,146,155
　　　　　　　　　158,159,169,170
カゲネズミ　　　　116,117,119,123
カグラコウモリ科　　　　　　29
カスミ網　　　　　141,144,145,146
　　　　　　　　　　147,163,170
カヤネズミ
　　　　　32,51,54,56,90,164,168
仮剥製　　　　　　　　　　　36
カワネズミ　　　　　　　28,38,90
乾燥標本　　　　　　　　　　35

学名	26,172		43,139,140,143,144,157,169
き		国際生物学事業計画	58
危急種	153	個体識別	91,93,95
キクガシラコウモリ科	29,42,139	コテングコウモリ	30,42,50,139
キクガシラコウモリ	29,30,42		140,143,144,145,146,164,169
	43,139,140,143,144,157,169	弧島状	60,84
記号放逐法	62,71,75,91	コヤマコウモリ	30,42,47
希少種	153,157,162,164		139,144,158,163,164,169170
臼歯	34,116,117	混在地域	73
球巣	56	五界説	22,23
頬骨弓	27	**さ**	
競合説	71	最小自乗法	100
く		**し**	
クビワオオコウモリ	30,50,169	歯根	34
クビワコウモリ		自然度	88,89
	30,42,46,143,144,158,164,169	シナノホオヒゲコウモリ	
クマネズミ	19,32,51,55,90,168		140,155,169
クロホオヒゲコウモリ	30,42	指標	86,88
	45,144,146,147,155,158,164,169	種間関係	71,75,76,80,84,85,136
け		種名対照表	26,168,169
系統樹	20,21,22	食虫目	21,25,26,27
毛皮標本	35,144,147	森林破壊	86,88
ケナガネズミ	32,154,159,160	耳介	27,93
けもの	24	耳長	33,118
犬歯	34	ジネズミ	28,38,39
齧歯目	21,25,26,31		59,88,90,120,122,160,168
こ		ジャコウネズミ	28,42
後足長	33,37,118,119,120	準絶滅危惧	157,159,160,164
	121,123,124,126,128,129	樹洞性	141
	130,131,132,133,134	情報不足	156,157,160,163
行動圏	86,91	除去	75,76,80,82,92,96
コウモリ目	18,26,29,30		97,98,99,100,102
	31,42,152,153,157	除去法	76,80,92,96,97,98,99,100
コウモリ類	18,22,29,31,37,42	**す**	
	137,139,140,141,143	垂直分布	64,134
	144,148,149,150,163	スナップトラップ	
コキクガシラコウモリ	30,42		59,105,106,108,109,111,112

スミスネズミ	32,51,90,115 116,117,118,119,120,122,123 124,125,126,128,130,131,132 132,133,134,135,136,164,168	天然記念物	32,102,104,136,141,163

と

トウキョウトガリネズミ	160
頭骨	27,34,36,106,108,117,147
頭胴長	33,37,117,118,119 121,123,124,126,130,132
トウホクヤチネズミ	106,107,108,116,117,123,132
冬眠	29,141,148
トガリネズミ科	27,28,38
トガリネズミ	27,28,38,59,79,88 90,103,105,109,111,112,160,168
特別天然記念物	102,104,136,141,163
トゲネズミ	32,160
洞穴性	141
同物異名	116
土壌条件	62,64,70,71,72,82,84,85
土壌地帯	62,71,75
ドブネズミ指数	87,88,89
ドブネズミ	18,32,51,54,59,86,87 88,89,90,105,106,108 120,122,168

すみわけ 62,64,71,72,73,74 75,76,78,80,84,85,171

せ

生息場所選択	73,75,136
脊索動物門	22,23,24
セスジネズミ	32,158,160
センカクモグラ	28,158,168
絶滅危惧Ⅱ類	156,157,160,162,164
絶滅危惧Ⅰ類	156,162,164
絶滅危惧ⅠA類	156,157,158
絶滅危惧ⅠB類	156,157,158
絶滅危惧種	153,162
絶滅種	153,156,158,162,164
前臼歯	34
全長	33,118

そ

相互作用	73

た

胎生	24
ダイトウオオコウモリ	154,157,158

ち

地域個体群	153,156,160
小さな哺乳類	17,18,31,102,153
チチブコウモリ	42,48,144,145 154,155,157,158,164,169
注意	162,164
長英新道	109,110,111,115,136,145
超音波	29,145

に

ニイガタヤチネズミ	103,106 107,108,116,117,123,132,133
ニホンコテングコウモリ	139,140,144,146,158,169
ニホンテングコウモリ	140,144,158,169
ニホンモグラ属	28,38
乳頭数	116,117,123

つ

墜落缶	58,59

ぬ

ヌートリア科	31

て

テングコウモリ	30,42,49,139 140,143,144,145,146,157,164,168

ね

ネズミ亜科	31,32,33,34,51

ネズミ科	18,27,28,31		91,103,105,109,111,112,114
	32,38,51,59,86,136,160		120,122,168,171
ネズミ目	18,26,31,51,59,152,153	ヒメホオヒゲコウモリ	
ネズミ類	18,19,22,31,33,34,37		30,42,44,140,155,158,164,169
	51,59,86,89,90,92,93,95,107	標識再捕法	62,91,92,94
	109,111,112,113,120,137,171		95,96,98,100,171

は
ハジキワナ	59	尾長	33,37,117,118,119,120,121
ハタネズミ亜科	31,32,33,34,51		123,124,126,128,129
ハタネズミ指数	87,88,89		130,131,132,133,134
ハタネズミ	19,32,33,34,51,52,59	尾率	33,117,118,119
	79,87,88,89,90,103,105,113		124,126,130,133
	115,120,122,168	ビロードネズミ属	31,32,51,108
ハツカネズミ	18,32,51		115,117,118,119,120
早池峰山	60,64,65,68,114		121,125,126,127,128
バットディテクター	145		129,134,135,136,171
磐梯山	57,58,59,64,65,66,68,69		
	70,71,76,79,81,84,85,107,114		

ひ
燧ヶ岳	109,111,112,113	フジホオヒゲコウモリ	
	114,115,134,136,171		139,140,144,143,146
ヒナコウモリ科	29,42,138,139	フラットスキン	35,36
ヒナコウモリ	29,30,42,47,138	文化財保護法	102
	139,144,146,147,148,149,158	分布境界	62,65,68,69,78,107,114
	164,169	分類階級	20,22
桧枝岐	113,115,118,126	分類群	18,20,22,24,26
	134,138,141		

ヘ
閉鎖個体群	91
Petersen法	95,96

ヒミズ	28,38,40,53,59,60,61,62		
	64,66,67,68,69,70,71,72,75,76		
	78,79,80,81,82,83,84,85,88,89		
	90,91,103,105,109,111,112,113		
	114,120,122,168,171		

ほ
捕獲許可	
	85,139,141,162,163,170,171
北限	119,125
哺乳綱	18,22,24,25
防虫・防腐剤	35
ホリカワコウモリ属	30,143,144

ヒメネズミ	51,59,87,88,89,103		
	104,105,109,111,112,113,120		
ヒメヒミズ	28,38,40,59,60,61,62		
	64,66,67,68,69,70,71,72,75		
	76,78,80,82,83,84,85,88,89		

ま
マスクラット属	31,32
マウス	36

み

ミズラモグラ
  28,38,41,90,103,163,164,168
未評価　　　　　　　　　162,164
耳切り法　　　　　　　　　　93
ミヤココキクガシラコウモリ
  155,157,158
ミヤマムクゲネズミ　155,159,160

む
無根歯　　　　　　　　　　　34

も
モグラ科　　　　　　　　27,28,60
モグラ目　　　　　18,26,27,28,31
  38,59,86,152,153,157
モグラ類　　18,22,27,31,37,38,59
  86,89,90,92,95,109,111,112
  113,114120,137,163,171
モモジロコウモリ
  30,42,44,139,140,143,144,169
モリアブラコウモリ
  30,146,158,169,170
門歯　　　　　　　　　　　　34

や
ヤエヤマコキクガシラコウモリ
  30,140,158,169
野生生物保護条例　　　　　　85
野生絶滅　　　　　　　　　156
ヤチネズミ　19,32,51,52,59,79,88
  89,103,106,107,108,109
  111,112,113,115,116,117
  118,119,120,122,123,124
  125,126,128,130,131,132
  133,134,135,136,168,171
ヤマコウモリ　30,42,46,138,139
  140,144,149,158
  163,164,169,170
ヤマネ科　　　　　　　　　　31
ヤンバルホオヒゲコウモリ　157,158

ゆ
有根歯　　　　　　　　　　　34
指切り法　　　　　　　　　92,95
ユビナガコウモリ
  30,42,49146,164,169

よ
溶岩流　　　　　　62,64,66,71,75
溶岩流地帯　　　　62,63,66,71,75
幼若個体　　　　　　　　131,133
翼手目　　　　　　　21,25,26,29
翼帯　　　　　　　　　　147,148

ら
ライブトラップ
  62,91,105,107,171
ラット　　　　　　　　　　　36

り
リシリムクゲネズミ　155,159,160
リス科　　　　　　　　　　　31
リュウキュウテングコウモリ
  157,158
両白山地　　　　　　　　119,134

る
類縁関係　　　　　　　　　　20
累積個体数　　　　　　　99,100

れ
レッドデータブック
  138,139,152,153,154,156
  157,158,161,163,164,170
レッドリスト　　　　　　152,161

わ
ワカヤマヤチネズミ　　　116,155
渡り　　　　　　　　　　　148
和名　　　　　　　　　　26,140

著者略歴

木村　吉幸（きむら　よしゆき）
1949年　福島県福島市生まれ
1971年　福島大学教育学部卒業
1995年　福島大学教授
　　　　福島県尾瀬保護指導委員会委員、福島県自然環境保全審議会委員、福島県森林審議会会長、福島県文化財保護審議会委員、特別天然記念物カモシカ通常調査主任調査員、環境省日光国立公園尾瀬シカ対策協議会委員
著　書　『新福島風土記』（共著）：創土社 1978年、『福島大百科』（共著）：福島民報社 1980年、『郡山市史続編』（共著）：郡山市 1994年、『尾瀬の総合研究』（共著）：尾瀬総合学術調査団 1999年
連絡先　〒960-1296
　　　　福島市金谷川1（福島大学教育学部生物学教室）
　　　　現在　福島大学　人間発達文化学類　生命・環境学系
　　　　TEL&FAX　024-548-8194

歴春ふくしま文庫 ㉕

小さな哺乳類

2004年5月23日第1刷発行
2006年8月4日第2刷発行

著　者　木村　吉幸
発行者　阿部　隆一
発行所　歴史春秋出版株式会社
　　　　〒965-0842
　　　　福島県会津若松市門田町中野
　　　　TEL　0242-26-6567
　　　　http://www.knpgateway.co.jp/knp/rekishun/
　　　　e-mail　rekishun@knpgateway.co.jp
総販売代理店　福島県図書教材株式会社
印刷所　北日本印刷株式会社
製本所　ナショナル製本協同組合